国家级专业技术人员继续教育基地
专业技术人员知识更新系列丛书

ZHINENG ZHIZAO

智能制造

费敏锐　孟　添　主编

上海大学出版社
·上　海·

图书在版编目(CIP)数据

智能制造/费敏锐，孟添主编.—上海：上海大学出版社，2022.5

ISBN 978-7-5671-4411-8

Ⅰ.①智… Ⅱ.①费… ②孟… Ⅲ.①智能制造系统-研究 Ⅳ.①TH166

中国版本图书馆 CIP 数据核字(2022)第 075723 号

责任编辑 刘 强

封面设计 柯国富

技术编辑 金 鑫 钱宇坤

智能制造

费敏锐 孟 添 主编

上海大学出版社出版发行

(上海市上大路 99 号 邮政编码 200444)

(http://www.shupress.cn 发行热线 021-66135112)

出版人 戴骏豪

*

南京展望文化发展有限公司排版

上海颛辉印刷厂有限公司印刷 各地新华书店经销

开本 710mm×1000mm 1/16 印张 9 字数 116 千字

2022 年 7 月第 1 版 2022 年 7 月第 1 次印刷

ISBN 978-7-5671-4411-8/TH·12 定价 45.00 元

本书编委会

（排名不分先后）

主　编

费敏锐　上海大学机电工程与自动化学院院长

孟　添　上海大学上海经济管理中心副主任

国家级专业技术人员继续教育基地(上海大学)办公室主任

副主编

李　明　上海大学机电工程与自动化学院教授

何　斌　上海大学机电工程与自动化学院教授

杨帮华　上海大学机自学院/医学院双聘教授

杨　扬　上海大学机电工程与自动化学院副教授

郭　帅　上海大学机电工程与自动化学院教授

田应仲　上海大学机电工程与自动化学院教授

赵泉民　中国浦东干部学院教授

参与编写人员

戴建英　国家级专业技术人员继续教育基地(上海大学)培训部主任

高　举　国家级专业技术人员继续教育基地(上海大学)行政部主任

钟　芸　国家级专业技术人员继续教育基地(上海大学)项目主管

钱密林　国家级专业技术人员继续教育基地(上海大学)项目主管

前　　言

智能制造，源于人工智能研究。2015年，国家工信部启动实施“智能制造试点示范专项行动”，2017年，国务院正式印发《新一代人工智能发展规划》，将人工智能的发展上升至国家战略层面。智能制造日益成为未来制造业发展的重大趋势和核心内容，是加快发展方式转变、促进工业向中高端迈进、建设制造强国的重要举措，也是新常态下打造新的国际竞争优势的必然选择。

《智能制造》正是在国家大力推动智能制造技术和人工智能发展的大背景下，在国家人力资源和社会保障部、上海市人力资源和社会保障局的关心下，在上海市继续工程教育协会的指导下，由上海大学上海经济管理中心具体组织落实，由上海市智能制造及机器人重点实验室以及上海大学等单位的教授、研究员和从业人员共同编著而成。

上海大学于2017年7月正式获批国家人社部第七批专业技术人员知识更新工程继续教育基地，主动对接国家重大发展战略和相关领域人才培养需求，连续多年举办智能制造与机器人技术应用工程高级研修班、材料基因组工程技术与应用高级研修班等，在相关行业专业技术人员教育培训领域积累了丰富的经验，为本书的编撰奠定了实践教学基础。

本书内容基于国家人社部专业技术人才知识更新工程“智能制造与机器人技术应用工程高级研修班”的讲课内容，由著名系统仿真和仪电自动化专家、上海大学机电工程与自动化学院院长费敏锐教授与国家级专业技术人员继续教育基地（上海大学）办公室主任、上海大学管理教育研究院执行院长孟添博士联合主编，各章编写者分别为：李明、何斌、杨帮华、杨扬、郭帅、田应仲、赵泉民，全书由主编拟定章节结构并修改定稿。

本书作为国家级专业技术人员继续教育基地专业技术人员知识更新系列丛书之一，其编写是基于服务专业技术人员学习需要。鉴于本书的适用对象是各行各业的专业技术人员，为适应面授与自学相结合的需要，我们努力提升本书的知识性、可读性、操作性和引领性，用科学普及的方式将智能制造的基本概念、基本理论、发展沿革，其在航空航天工业、无人艇技术、医疗康复等重要领域的应用及经典案例，机器人的发展与应用，工业 4.0 与中国制造 2025 以及近年来智能制造的新技术、新发展、新应用以及未来趋势及对策直观地展现出来，兼顾理论体系性与实践应用性，重在激发专业技术人员的学习兴趣，也为其在实际工作中遇到相关问题时能快速直接找到相关内容提供方便。期盼本书的编写出版能为智能制造普及培训提供帮助，推动实施国家战略，加强新一代智能制造技术研发应用和上海的创新驱动发展，助力上海“科创中心”的建设。

值此书稿付梓之际，还要向上海市人力资源和社会保障局、上海市继续工程教育协会相关领导对本书编写过程的关心与支持表示感谢，向参与全书编辑的工作人员表示感谢。

众所周知，智能制造是一种由智能机器和人类专家共同组成的人机一体化系统，是一门综合性很强的新兴技术科学，近年来在中国和世界范围都发展迅速。各行业对智能制造相关技术与应用的学习热情不断高涨，这直接导致了在该领域加强学习的必要性和创新型人才培养的紧迫性。由于时间仓促，加之“智能制造”本就是一个不断发展、不断创新、不断交叉融合的学科领域，本书从编写方式到内容设置，肯定还存在诸多不足之处，恳请读者和专家不吝赐教，以帮助我们不断完善，并在再版时予以修订。

最后，还要特别感谢国家级专业技术人员继续教育基地（上海大学）诸位同事在前期素材整理、汇编、修改、出版联络等各个环节倾注了智慧和心血，他们分别是戴建英、高举、钟芸、钱密林。同时特别感谢出版过程中得到了上海大学出版社戴骏豪社长、傅玉芳编审以及刘强编辑的大力支持，使得本书更有可读性。

编　者

2022 年 4 月

于上海大学

目 录

机器人相伴的智能时代：机器人、机器人应用与人机融合

李　明

今天我们用机器人干什么？干苦力的。未来到来之时，我们如何与干苦力出身的机器人相处，这是需要我们面对和研究的一个问题。在今天所有相关的影视作品中，人跟机器人一旦发生冲突，最后胜利的一定是人，但在以后的现实中呢？

当人工智能引入机器人领域，还会引发更多的工程伦理问题，这更是需要我们考虑的。看待这类问题时，思路一定得放开，因为这类问题已不是简单的工程问题。今天的工业机器人虽然很简单，但一旦机器人有了自主思考能力，特别是有了情感能力后，我们便很难想象未来的机器人会发展到什么程度。这看上去似乎是一件很可怕的事情，因为人与机器好像天生是敌对的。

机器人真正意义上的应用首先是在工业领域，工业领域应用的主要问题就是质量、成本和效率。一定是有利可图，机器人才会被应用，而不是简单地为了用机器换人。最早的工业用机器人是1948年做的，用于核工业领域。它实际上是一个随动机器人，人在外面操作，机器人在里面随动。随着计算机技术和控制技术的进步，1959年才真正有了计算机控制的多轴工业机器人。

机器人到底是什么概念？通俗地讲就是机器手加上电脑，使得机器手干活如同人手干活一样。这需要一个作用的空间，于是就有了腰身、手臂、肩关节、肘关节，这样就解决了空间位置的到达问题，然后加上手腕，也就是加上姿态，这样机器就可以像人一样用手拿东西了。

一般的机器人有用于空间位置和空间姿态运动的六个关节，我们称之为六个自由度。这样的机器人可以帮我们干活，这类机器人（机器手）用在工业中就是所谓的工业机器人。

这类机器人实际上是一个平台，就看我们给它们什么工具，让它们做什么事了。如果我们给其手部装一支笔，它们就能写字；装一个焊枪，它们就能焊接；装一个手爪，它们就能搬东西。其背后是由电脑控制的，所以说它实际上是机电一体的工具，也就是常见的机器人。当然，现在许多机器人已拥有超过六个关节，形式也越做越复杂，可以承担许多更为复杂的工作。

不过，光有机器人本身是远远不够的，要想让它们很好地工作，还需要有很多周边装置进行配合。

接下来我们深究一下机器人的关键部件。第一个关键部件是电机，当然，机器人用的电机是有特殊要求的。第二个关键部件是轴承，这是一种高精度、高刚度且体积小的特殊轴承。第三个关键部件是减速器，因为一般电机输出速度很快，所以需要减速，这类减速器同样具有高精度、高刚性和体积小的特点。目前，我们的这些关键零部件和世界先进水平相比还有不小的差距，可以说是“卡脖子”的技术和产品，特别是可靠性和寿命。今天的机器人，没有超过 5 000 小时的零部件寿命是不可想象的。

对于机器人而言，还有一个核心技术就是控制软件。一个机电产品的控制软件，必然是以机械运动学、动力学为基础，集成现代控制理论和计算机技术才能实现控制软件编制。对于控制软件的研发，不仅需要理论和技术，更需要积累，在这一点上，需要中国企业把心沉下来，把理论与技术结合起来。这是非常艰难的过程。

那么中国在机器人研发中有什么问题吗？我曾经思考过，也跟很多同行讨论过。中国的机器人为什么到现在还是上不去？一方面是基础技术和基础工业的拖累。我们缺乏基础的东西，很少有积累。另一方面（仅为个人观点）就是机器人讲到底是机电一体化产品，这种产品应该是谁主导做的？应该是搞机械的人主导做。当然，这里讲的机械已不是传统的机械，而是以运动学、动力学为基础的现代机械。但从今天国内搞机器人研发的总体情况来看，主导的都是些搞算法、搞控制出身的。这是有问题的，因为机器人的应用末端一定是以机为主的机电一体化，控制系统到底怎么控制，它不是纯算法和控制能够解决的问题。也许这是我们对机器人认知方面的一个偏差。

关于机器人换人。我曾遇到过一个企业老总，他是搞控制出身的，非常热衷于这方面的工作。我和他说，这是一种系统技术，包含了许多常规不了解的东西，它需要系统思维。事实上，自动化绝对没有那么简单，它需要产品与工艺的配合。其实企业老总都何等精明，能换的人都换了，能自动化的早就自动化了，那余下的为什么不换呢？这就需要从系统上，换角度去看问题。事实上，如果要自动化，那么这个对象应该首先是适合自动化的。换句话说，当初对这个对象的设计是考虑了 Design for Automation 的，或者说是经过了 Design for Automation 的再设计的。所以，对于机器人换人的提法而言，也许更合适的说法是用这个概念去倒逼中国产品设计和工艺设计水平的提升，如果是这样提，那么政府的推动就是实质性的，企业也就容易理解了，并可借此提高技术水平。

下面我们来看机器人是怎么操作的。一般情况下，是我们先用操控盒让机器人走一遍，它记下来后就可以复现着走了，这就是所谓的显教再现。当然,现在已经可以通过软件在虚拟环境中进行编程,这是一种基于三维可视化的编程。最新的方法还有用数据手套,也就是人一动,数据就引发机器人跟随运动并记录过程。以后还能通过图像跟踪识别来进行控制编程。总之,现在的东西是越来越先进了。

今后机器人有了智能,它们更会帮我们做优化。我们现在还是用比较僵硬的编程方法在做。彼时,数字化和建模就是必需的,这是优化的前提。今天,有多少企业做事情是首先建立数学模型的?

总之,机器人是平台,它们的本体是我们肢体的增强,它们的电脑是我们大脑的扩充。在这个平台上能做什么,就看我们的创新能力了。理论上讲,能做的太多太多,一切取决于我们想让它们做什么。

第一个应用是在工业现场,因为工业机器人不用吃饭,不用睡觉,精度又高,通个电就可以干活了,所以它们做出来的东西精度和稳定性远比我们人做出来的要好。在很多年以前,应该还是在20世纪80年代,中国的摩托车要出口到欧洲,国外规定不要人工焊接,要求全部由机器焊接。那么人工焊接跟机器焊接有什么区别呢?那就是质量的稳定性。在这种情况下,对产品就有了更高的要求,特别是前道产品和工艺的质量要求。对于人工焊接而言,在操作中一旦发现产品没到位,可以进行人为调整。但一般工业机器人可没有配置这类功能,换句话说差不多就是死做。当然现在可以加上所谓的自主调节环节,但功能越多,系统的可靠性和成本都会有问题,于是只能让产品和工艺去适应机器人焊接。所以,机器人换人不是那么简单的概念。

我们说替代人,人就会得到解放,但这其中有两个问题:第一个是能不能替;第二个是如果能替,人又干什么去。我们先看能不能替。一般的工作都能替,至少在今天大批量的制造中,只要能够讲得清楚工艺过程,能够很明确分解的简单工作,机器人都能做。其实现在能讲得清的事情,计算机几乎都可以帮着做了,还有比我们人做得更好的,比如人脸识别,机器就比人做得更好。这种分解的方法实际上就是ISO 9000提的过程方法的细化，这是最基本的。那我们需要把一件事情分解到怎样的程度呢？首先是可操作，然后是可交付、可度量，这样便有精度指标。这个过程实际上是在建模。最后需要用专业语言规范地表达，才能形成规范的模型，这样计算机就能懂了，就可以帮助人了。所以，今后一些简单的工作不用人做。

我们刚才讲过了，作为一个企业，能换的都会换——企业要考虑效率和成本，那为什么不换就应该清楚了。那么换下来的人应该怎么办呢？在今后很长一段时间里，人和机器人应该是共存的。简单的工作由机器人做，机器人不会做或不合适做的工作由人做，所以是人机协同的工作模式，也是“工业4.0”中明确提出的核心方面。我们现在已经需要考虑这些内容，需要考虑在制造系统中人机如何协同工作、如何交互信息。对于人和人之间来讲很简单，一个眼神、一个手势、一句话就可以了。但人与机器呢？这就需要研究。所以“工业4.0”在这方面有大量工作要做。

下面我们来看：如果要机器人换人，应该怎么处理？首先，我们需要对产品结构进行处理，简单来说，也就是使产品即工作对象能够适合机器人的生产，这其中涉及再设计的问题。其次，机器人的操作模式跟人不一样，这同样需要对工艺过程进行重新设计。这里举一个常见的案例，就是麻将机。麻将机要把麻将排好，除了排队外，还必须分清正反面。一个最简单的改动就是在牌中放置磁片来识别正反面，当然也可以用摄像的方法来做，但那样系统会变复杂，成本会变高，可靠性也可能会降低。还有就是对麻将本身的精度会有要求，牌之间的尺寸变化要小。这些看似很简单的问题，对于机器来讲，可能就不那么简单，需要再设计的配合。这件事情倒过来看是什么概念？是一种倒逼。如果后端一定要自动化，前端就要做相应的设计去适应，这就是用自动化倒逼设计能力提升。有了工艺的再设计和调整，结构上适应自动化的设计，才能顺利实现后端的自动化。当然,整个设计过程中,验证是必须的。

再举一个很简单的例子,2014 年开始国家规定不再生产白炽灯,于是 LED 球泡灯的高效高质量制造就成了需要解决的问题。于是我们开始研发自动化装备,但当时的球泡灯结构中间有两根软连接线,这个穿线工作机器做的话是极难的,所以如果做自动化生产,就需要倒逼设计,让产品适应自动化装配。最后设计成什么样子?整个电控部分全部做成了插板式,于是机器的操作就精准高效了。

Design for 是一个大的概念,每个零件结构和工艺过程设计都要考虑,这就需要用一种全新的思维方法去应对解决这个问题。那这个 Design for 到底如何做呢?大家可以去查一下英国有一个系列标准,这个系列标准很快会转成国际标准。整个标准框架是 200 个,名称为 Design for MADE,这里的 M 是制造和市场,A 是装配,D 是拆卸,E 是环保要求。整个过程如何运行和控制,整套标准中都有。国外都是这么做的,所有的经验和教训都写进了标准。反观我们,口号叫完后,怎么做是没有的,没有实际可操作性,这就有很大的问题了。

“凡事预则立,不预则废。”国外早就有了实际可操作的办法,这就是 PDCA(即戴明环):P 是计划和制订规范,D 是按计划和规范操作,C 是按计划和规范检查控制,A 是按计划和规范进行调整。于是一切都是可控的、可操作的。现在又加了风险管理,ISO 9000 新版中就有,称之为基于风险的思维。我们可以看到所有的设计几乎都是自上而下的,是用正向思维展开后干的。那基于风险又是什么概念?我认为基于风险是一种创新思维,它会逼你思考很多你没有想过的问题或小概率事件。很多人认为创新很难,我们天天在讲中国缺创新、缺人才,其实全世界都缺创新,那国外为什么做成了呢?问题的关键是怎么做,如何在积累中突破。

我可以很明确地告诉大家,95%以上的创新是可以通过制度逼出来的,大家信不信?这里举一个实际的例子:有一次我参加上海一家车企的管理技术交流，很有感触，有人是这么说的，在他们公司中，所有的技术方案都必须有风险。这是一种倒逼，倒逼创新。我很关心地问，你们这样搞法，项目负责人是不是有风险的？他们说，你不用担心，当他们评估完以后，这个风险是由公司担的，不是由个人担的，跟个人没有关系——公司汇聚全部资源帮项目负责人做好这件事情。

反观我们，口号天天在喊，喊完以后就结束了，怎么操作不知道。欧美的思路跟我们的思路完全不一样，这是我们需要反思的问题。我们现在看不到欧美在想什么，很多人认为 ISO 9000 就是认证，就是一个口号式的规范，没有实际可操作的内容，形成的所有文件就是为了认证，没什么实用的价值。真的是这样吗？其实 ISO 9000 给出了一种最基本的思路和方法，这不是结束，而仅仅是开始，后面还有按照 ISO 9000 思路展开的一整套可操作的技术标准体系，以及相关的工具，比如汽车和医疗行业的相关标准等，但我们看不见，或者说，根本就不懂这些。

给大家讲一个数据，这都是官方发布的数据，到 2018 年底，全中国已发出的 ISO 9000 证书是 53.5 万张，而同期全美国发出的证书没有超过 5 万张。这到底是什么情况？我认为这些数据从某种角度反映出中国制造业对质量的认识与国际先进水平之间出现了极大的偏差。我们并不懂得什么叫真正的质量，标准到底是用来做什么的。这是认知上的大事，但国内并没有人管，我们缺乏战略思维，或者说我们有战略，但不知道战略怎么往下执行。这是理念问题、思路问题。

同样的问题是自动化，它的实施思路在哪里？我们所讲的是“思路”。机器人换人很容易讲，但在自动化过程中还有一堆的事情需要我们考虑。

再给大家举一个很简单的例子：在我国制造业中，汽车和国外进来的高端手机的图纸还算是比较到位的。但对于设计而言，如果你看过汽车和国外高端手机的图纸，再看国内的图纸，就能看到设计方面的差距，那几乎是代差。我是搞这方面标准的，在中国今天的制造领域，稍微像样一点的图纸仅是汽车图纸，而且仅在一些大的合资、独资企业，一些自主品牌的厂也是拿了这些图纸修修改改，总体上还是不到位。而其他领域的图纸几乎是不堪入目。

国外公司是如何干活的呢？首先他们会给出经设计验证和工艺验证的图纸，然后给国内代工企业做加工。那国内代工企业接了项目该怎么干？因为国外高端手机企业在给图纸的同时，还会告诉代工企业做事的思路和具体过程控制要求，只要代工企业按其思路做，就应该能做到。于是后端的企业会根据要求去构建制造系统，并用相关的数据来证明其有能力承担这个项目，能保证完成任务。

而我们又是怎么做的呢？我们会说工艺保障，讲的是人在阵地在，"我"会尽力帮"你"把事情做完，"我"会坚决完成任务。可万一"你"死了呢？任务又怎么办呢？国外可不一样，它要"你"一定能完成，并用数据证明"你"能完成，换句话说，阵地是一定在的。

国外公司如何知道"你"有能力做呢？这就涉及制造能力和系统能力了，是需要用数据去表现的。当下游的加工企业拿出了这个能力指数，国外公司确认后才会认为"你"是有能力、有资格做其产品的。就是到了这个份上，国外公司还觉得不够。几年前有家国外公司自己买了大量的测量设备放在生产现场，零件加工一下线就测量，所有的测量数据实时传送到美国，一周调整一次工艺参数。这样做，一方面是为确保制造过程是按要求和规范在进行，另一方面可以知晓实际加工状况，并用来调整和完善制造系统的模型。那么调整到底是做什么呢？事实上所有的设计都是基于假设，即认识和知识，国外公司拿了现场的数据就是去修改它们的假设，即对制造过程的理解和了解，通过这样的操作，其工艺设计水平必然会得到提升。

从上面的例子中我们可以看到，事实上国外公司对其产品加工过程和加工系统的理解，远比实际加工的企业要深入和全面，也就是说它们更了解我们的加工过程和能力。今天，我们有很多的企业是接外单的，老外是怎么给这些单子的？就像刚才讲的那家国外公司一样，一个产品多少钱是明确的，绝对不可能多，但是能确保加工企业一定有微利可图。然后第二年降价5%，第三年再降价5%，第四年就换新产品了。国外公司就是凭借这些计算成本和定价的，我们知道吗？这种就是真正的设计，是基于其对产品、工艺和能力的理解。而这些我们都不懂，有时我们甚至还看不懂。

好多年前我在国内代工企业做技术交流时，企业说自己现在很难，因为利很薄，所以只能拼命干自动化，通过提高效率和降低成本来多挣些。但可以设想，在国外公司这么一个框架下面，想以省点人、加点效率的办法来赚点小钱有多难。而且可以这样说，加工企业越这么干越难挣到钱。因为国外公司比加工企业更清楚，它一看加工企业还有能力，很快就又把你想尽办法省下来的钱给收走了。所以当企业问我如何应对时，我当时想了一下说："你们能看懂国外公司吗？"企业回答，以前完全看不懂，现在能看懂一些。我说等你们完全看懂了，国外公司就甩不了你了。所以当我们在后端时，必须看懂前端，只有这样才能理解整个过程，才会改变视角和思路，才能从容地去应对。如果老是盯着自己一亩三分地做一些局部的工作，那一定会受制于人，发展也一定会受到约束。

因此，我们千万不能站在自己的角度，用现在甚至过去的眼光看问题，这就是基本思路。回到前面的自动化，我们说机器人换人，其实所有的工作都是可能这样的，所以我们首先把所有的工种分解，再按照标准的程序、语言、方法去描述和规范，这其中涉及的标准和规范太多了，有工作的标准，有技术的标准，有过程的标准，有人员操作的标准，还有管理的标准。总之，所有事情都要有序，质量就是有序的产物。那么有序怎么保证？规范标准。不许乱穿马路，凭什么？《道路交通安全法》。一个企业要有序靠什么？靠管理。管理依据是什么？标准和规范。没有标准和规范，就什么都没有了。自动化过程也是一样的，从设计思路一路下来到产品，一切都要有序地开展，包括数据的生成和管理，都必然在标准化基础上进行。没有标准化，数据是什么、能用来干什么、数据怎么来的，可能都不知道。所以标准化是数字化的基础。

那信息化呢？信息化是我们国家一直在提的，如两化融合，即工业化和信息化的深度融合。正如我前面问过大家的，大家可以回顾一下，看看我们的信息化做得怎么样。大多都是一把辛酸泪。可大家有没有发现全中国有一种信息化做得非常好，每家企业都有，那是什么？财务系统。为什么财务系统的信息化能做好？那是因为财务后面有非常严格的财务制度、财务管理，还有一条高压红线。说到这里，我想大家应该知道信息化应该怎么做了吧，关键还是其背后的标准化和规范化。

实际上，标准化是整个工业化的基础，我现在做标准化深有体会。但是我们没有站在这个高度去看一个企业。标准化不是简单的 ISO 9000，ISO 9000 只是一个总纲领，它的下面有一堆标准，它们共同形成了一个体系。在我们几何标准体系中明确讲，只要你调用了 GPS&V 标准体系中的几何标准，就是调用了整个 GPS&V 标准体系。我们在读标准的时候必须关注其中的一句话，那就是在标准的第二部分，讲的是引用——“下列标准通过本标准引用，成为本标准的一部分”，或者说“下列引用标准对于本标准的应用是必不可少的”。

所以我们看见的标准不是一个标准，因为通过引用，可以囊括一大堆标准，引的实际上是一个体系。大家按照这个思路把所有的标准翻一遍，我可以告诉你，全世界的标准是一个大体系。所有的标准追溯到后面就是ISO 9000。那我们是不是按照这个思路去看呢？在这个大体系中，有理念、思路、方法，还有一大堆可实际操作的工具。这是欧美的思路，日本基本也是按这个做的，人家现在都比我们领先。所以这就是我们要学习的工业之道，但我们现在并不是这样去理解的。

如果政府想让中国制造升级换代，那就必须从标准抓起，一倒逼就一定能上去。英国有一套 Design for MADE 标准，我刚才讲了，人家做事都是先做标准规范，没有标准规范不干事，因为干出来的事情会无序，无序就没有质量。除非在最前端工作，在摸索，但基本思路还是一样的。所以真正的工业基础是标准化基础，但是这块恰恰是我们最薄弱的地方。刚才讲过了中美 ISO 9000 证书的数据比对，就是差距。

除了工业机器人，我们拿它们还能干些什么呢？能用的场合实在太多了，前面我们看的都是一些看似很简单和很热闹的东西，有些还是科幻的、假的。下面我们看看真的还会有些什么。机器人首先是智能平台，它的应用就是需要有创新思维，因为它能干的事情太多了。当我们运用了创新思维，我们的脑洞就开了，就可以从各个方面去拓展思考。

那机器人到底还可以用在哪儿？可以这样讲，没有不能用的地方。对于机器人而言，它可不仅仅是一只手，它可以有各种形态，如扫地机器人就没有手，但它也能干活。总之，机器人应该是能够帮助我们干活的智能工具。

比如现在的农业会用到自动收割机，当然这是有前提和条件的。自动收割机可以用在大片的农田里帮着收庄稼，就像机器人干活一样。这就替代了原来的人工。当然这里面会涉及视觉技术、定位技术。所以说，干活有的时候用到一只手，有的时候可能用到两只手，或不用手。同时还会有许多技术在辅助，这些都是我们现在做的事，而德国人早就这么干了。

又比如伐树，包括了直接切割和分割，最后把树皮都自动扒掉，这些机器人都可以做。还有用机器人来种树的，用机器人来收萝卜的。当然这就对种植有要求，这些萝卜不能长得乱七八糟，那样的话就没有办法自动收拔了。这就需要农艺的辅助。总之，在现在的农业暖棚里，几乎完全是工业化的生产，其背后就是标准化和规范化。这类东西德国干了很多，机械的东西德国人玩得很转。

再来看造房子。焊钢筋这些都是很苦很累的事情，但人只要能正确描述出来，机器人就可以干。现在许多房子的结构部件都是在工厂里先做好，然后送到现场一拼一搭就可以了。其实机器人的应用已遍布几乎所有领域，关键就看人怎么创新、怎么应用。

再看救援机器人，它实际上是助力装置，有些操作不一定非常复杂，但是需要力大，这样就可以进行一些障碍的分解。

随着老龄化社会的来临，更多老年人需要陪伴。有种机器人大家都见过，电视上一直在放，百度的叫小度，有好多功能。一个人在家没事儿干，可以跟它说说话，这实际上是件让人感到很亲切的事。它还会及时提醒老人吃药什么的。这种机器人的背后就是有一定智能的，并且还不局限于此，如果再配上网络，可能远在天边的人都可以参与交流、陪伴，这就不存在找不到人说话的问题了。在这基础上能干的事情实在是太多了，你会发现这个东西的功能是无穷无尽的。陪读也是它的一种功能，如果题目不会做，就可以问它。当然小孩不能不动脑，动不动就问题目。有人说老外 10 以内的加减法都算不清楚，这样下去我们也要不行的。其实我们一直在说人家不行，可人家一直过得挺好过的，关键是人家有创新思维。

创新思维恰恰是我们经常讲，但却很少教的。我们的许多高校一直在做教学改革，但我们有的内容是不能动的，比如英语。英语以后真的还要学吗？好像不用学，学它干吗？以后带一个手机就什么都有了，大家想想看是不是这么回事？这就是一种创新思维。当然现在还不行，但以后一定能行，而且会变得很正常。

现在看来好像机器人还没有做得那么理想，但以后就不一样了，机器人一定会是我们的好帮手。帮我们把东西拿来拿去这事已经做到了，那别的一般事做起来应该也没有什么问题，有的也许就是成本的问题。

机器人放在家里还能看家，有小偷进来就可以马上知道了，它一方面可以和小偷说话，另一方面可以把信息发出去。所以说机器人的应用范围完全取决于你的想象，因为它能干的事实在是太多了。现在机器人已经走过了进入家庭这一步，很快它就会无处不在。

还有机器人开刀，这个叫达·芬奇系统，全中国保有量不到十套。人干活有的时候会受情绪影响，股票跌了，家人生病了，心情就会不好，然后干的活就会不一样，因为脑子会想别的事情。但是机器人不会的，这时候机器人就像加工装备一样了。而病人呢，就成了被加工的对象。在操作时现在还是人，人在一个放大的屏幕前操作机器人，机器人在那边开刀，真是一种完美的组合。如果再加上互联网＋的话，就是远程开刀。这样不管你在哪，只要有这种机器人，就可以通过网络，让全球最好的医生帮你开刀。这个所谓的达·芬奇系统，国内现在也在做，有些脑神经手术一般人做不了，但是它可以做。

所以你看，只要思路打开了，许多事就很好解决了。今天的机器人应用就是最好的例证。还是那句话，机器人是一个工作平台，关键看你怎么用。

再看自动驾驶汽车，它实际上也是机器人，尽管现在还是雏形。今天看来自动驾驶很难，应该说不全是技术做不到的问题，更多是因为现在的路况实在是太复杂了，特别是在中国。如果马路是有序的话，那应该不是什么大问题。在自动驾驶中，有些比较高级的，可以自动快速识别和构建环境进行识别，即对于一些未去过的地方，就可以靠眼睛(传感器)去看，然后马上快速构建一个非结构环境，接下来就可以判断路况和控制车辆了。

所以说，自动驾驶似乎并不是什么大问题，关键是中国马路上的人，都是在外面乱窜的，那机器人或人工智能就很难操作了。今天许多中国企业跟着外国企业在折腾。其实美国人是把自动驾驶作为一种载体，因为它上面集成了N多的技术，人家是在研究技术，这一点大家必须看懂。而我们拿这些概念在干吗？你以为PPT做车的这些人真的是要做汽车？他不是要做汽车，他要的是上市。那什么最好做？就是新能源汽车，因为有了这些新概念，容易来钱。但是国外不一样，人家是拿这个载体在研发一系列技术，是拿它做一个抓手。因为做综合技术、应用技术，特别是在前期，你总得有一个抓手，最后才是这些技术用在哪里。

我们再讲一个思路要打开的案例。有一次，我们在辅导小学生创新的时候，有一个小孩想到一种情况，他说当我们跟在大车后面时，我们看不见前面的情况，这是件挺危险的事。我们一直有一个说法，叫作不跟大车，也不给大车跟。于是这小家伙想了一个创意，说我们能不能把摄像头放得高一点，这样就可以看到前面了。我顺着他的思路，出了个主意，让他拿互联网和车联网做，其实那样就很简单了——只要让前车把车载记录仪的视频共享出来就可以了。以后如果自动驾驶，就可以和前车组成一个集群，大家一起进退、刹车不就行了吗？所以，千万不能用老眼光去看新问题，创新更是这样，有了创意，技术问题就好解决了。

当然，我们还能让机器人做很多别的事情，可以玩的地方很多。比如，我们可以让机器人奏乐，当然这里面有一个问题，目前人类还没有搞清楚感情表达的机理，所以机器人弹出来的曲子有时就像弹棉花一样，但以后一定会弹出来有感情的曲子。这里可以研究的东西多了，国外各类的研究更多，因为人家思考的问题和研究的出发点跟我们完全不一样，我们是没有钱决不研究。

再来讲助老助残的机器人，这块现在做的很多，特别是中国进入老龄化时代以后。机器人进入家庭主要是发挥陪伴作用，今后还有就是助老助残——当然这个相较陪伴会有相当的技术难度，因为机器人和人接触，甚至协同工作的时候，它一方面要帮人支撑，另一方面又绝对不能伤人，这是最难的地方。所以说，用在康复方面的机器人，关键是处理好它们与人的关系，这是有风险的。

我们以前讲，机器人在操作的时候人是不许介入的，现在规矩已经破了。不管怎么样，机器已相对可靠了，以前不可靠的时候，那是要出人命的。所以有很多我们需要做的规则，或者说怎么样保护人类，这是我们需要处理的。现在这种东西做得非常好。比如机器人可以跳舞，那以后要人干吗？还有人和机器人打架，人也很无聊的，搞出来这种东西。有一年我们学校的大学生队跟原闸北区的小学生队比赛，我们是输的，为什么？因为小孩上来就打，我们有时候还要摆一个架势，所以这个东西是需要研究的。有的技术无处不在，你想得出来就可以做，比如机器人踢足球，现在做得还比较粗糙。

好些机器人目前都是有比赛的，比的就是编程，大家对抗来玩。现在还有一种几乎可以做到无处不在的机器人，那就是无人机，它也是一个非常好的平台，能干的事情太多了。国外居然有人用它来遛狗，不过最后因为无人机失控而把狗遛没了，这可是真的。所以无人机的应用同样需要创新思维，关键是能想得出来。

还有一个是无人艇，别看它在海上看似很小，但用处却很大。目前我们把它用在海洋测绘上，因为大船进不去浅滩，就搞了无人艇。以后打仗不用出动大兵舰，一群这种玩意出去就够你玩的了。现在上海大学研制的无人艇是在美国国防部挂号的，我们大概排全球第八名还是第九名。实际上，无人艇同样是一个技术平台，怎么用就完全看我们的创新思维了。

人不仅无聊，更要命的是不想干活，于是被用来炒菜的机器人也出现了。当然外国人的炒法与我们的还不一样，我们中国人炒菜要掂的，还要掌握火候，所以目前机器人炒的菜还是比较粗糙的。

还有人让机器人来抄经。这经应该是人自个儿抄的吧。据说机器人还抄错了一个字，不过这应该不是抄错了，而是程序编错了。实际上机器人写字，特别是用毛笔还是很难的，因为需要考虑笔锋。

机器人的应用现在已可以做到人机协同了。以前神话故事中讲的哪吒的风火轮，现在已经有了，当然这是我们国内做的。这类单轮的机器人在淘宝上也就两三千元一个。这种机器人用起来实际上是人跟机器协同的控制。这类平衡机器人日本很早就在研究了，有的机器人骑自行车完全是自动化的。当然，做得最好的还是美国人，在美国，这种机器人已能够跑酷了。

在机器人方面，还有一个大的方向就是仿生。因为人类和动物进化到今天，所有的生物都是极致的精灵，值得我们学习。比如德国的机器鸟，它是一种机电一体化装置，外表已经跟鸟一模一样了。仿生这个思路放开以后，能玩的东西太多了，如仿虫、仿章鱼，还有仿大象、仿袋鼠、仿水母，什么都有。所以以后打仗，你都不知道遇到的到底是真的还是假的。这些都是外国人想的，它的背后就是创新思维。

更高级的机器人是人机的融合，我们现在开始用生物电，包括肌电和脑电去控制机器人的走动。更高级的外骨骼，就是人穿上金刚的衣服(架子)，它是受我们人控制的，这样就可以背很重的东西跑。比如一双外骨骼的鞋，人穿上就可以健步如飞。以后打仗打的都是技术，甚至兵都不用出去，全部用机器人出去，人在家里看着屏幕，在电脑上点点就行了。这种技术代差的仗真是没法打的。这类外骨骼机器人技术，目前国内也在做，当然我们现在做的还有差距。

还有就是仿人的表情。人脸的表情是非常难仿的，因为需要控制的肌肉有很多，稍微差一点，出来的表情就完全不一样。比如日本人研究出来的一些表情，看着可能就有点恐怖。

日本的机器人做得非常不错，不仅能走，还能奔能跑。比如有的机器人能自动识别外界，它在走的过程中可以主动避让人，这是很高的技术。当然，现在还是人类给它规定了很多的规则，再以后就是全智能的了，它能够自主运行。AlphaGo 就是一个很好的例子，人类现在已经无法与它下围棋了。那如果用两个 AlphaGo 对弈会是什么结局呢？曾有人试过，一个下了一步棋，另一个想了半天后就认输了。说明什么？算法已能算到最后了。它的背后就是模型。目前的人工智能最厉害的还是美国。以后再打仗，人家来了机器人狙击手，这仗真是不用打了。

现在看到的是机器狗，相关资料和视频网上都有。小的机器狗我们学校也有一个，一个研究生做的，也可以跑，你踢它一脚它也不会倒。美国人还想出来，让几个机器狗去拉圣诞老人。

目前最高级的机器人控制技术，还能让机器人后空翻。以前机器人最难实现的就是跳，现在已经不是问题了。我们再说一个最新的，这个真的挺好玩的，就是机器人跑酷。它是单脚在跑，以后人没法跟它玩，因为一般的人根本做不到。美国发布的一个最新的机器人视频，就是机器人跑酷，这个机器人是波士顿动力做的。

下面我们再探讨一下技术升级、创新引领和制造业转型的思路。今天的中国面临的是一个转型升级的问题。现在工业和技术都在飞速发展，如何转型升级是我们关心的问题，特别是我们将面向的时代是一个人机融合的时代。

我们刚才讲了，首先是需要有面向未来的创新思路，我们一定要用新思路新方法去看。那未来制造是什么概念？“工业 4.0”又是什么概念？美国的先进制造伙伴计划等是什么概念？“中国制造 2025”这里我就不说了，大家自己了解，那个很容易理解。现在我们要剖析一下欧美的思路。

我们说整个工业的发展经历了所谓的“1.0”“2.0”“3.0”，现在马上“4.0”，它意味着最早是机械化，然后是工业化。机械化的核心是动力。从人类的工业发展来看，我们现在讲的“工业 4.0”时代其实还远没到来，这其中应该涉及两个方面，一个是工业技术本身的发展，另一个应该还包括能源革命。

所以说，工业革命必然是这两个同时进行的，现在实际上还缺一条腿，那另一条腿在哪？应该是氢。氢要怎么玩现在还讲不清楚，因为到今天为止氢气的应用技术路径还没有全部搞定。现在说的电动汽车不可能最后全是纯电动跑的，除非是太阳能。但太阳能有一定局限，所以最后一定是用氢能驱动的。

刚才讲到纯电动，我多说几句。由于我整天往汽车企业跑，所以会有朋友问我电动汽车能买吗？我是这么跟他说的：电动汽车的制造车厂我还真没去过，我不知道今天中国的电动汽车是怎么做的。但是常规车厂怎么造车我知道。我唯一跟踪过的电动汽车是宝马，宝马为了做一个电池盒，就是装电池贴在车子底下的电池模组，整整做了三年。这个电池盒是需要抗 30G 动态冲击的。我们可以看到真正的车企是怎么做的，一个看似简单的电动汽车的电池箱为什么会做三年？因为它需要充分的验证。中国现在的电动汽车，在那么几个月时间里就能出一个车型，怎么造的我不知道。我唯一能告诉你的是，你搞不清楚就别去惹它，因为它缺乏必要的验证。这是我作为朋友能给出的忠告。

动力有了以后就是工业化，工业化的基础就是标准化，以后才有了自动化、数字化，这就是顺序。这一切的背后就是标准，它形成了一个机制。然后，就有了质量、产能、效率和协同。

虽然我们一直在讲工业化，但其实并没有理解透，即工业化的基础就是规范化和标准化，没有这个东西，就没有所有的一切。因为一切都无序了，所以就没有质量，也没有其他了。

在讨论未来的需求时，我们更应该关注到其背后是技术和社会需求的同步发展。我们看待未来制造的时候，同样需要看一个社会的发展需求。技术是一方面，另一方面则是社会需求，或者说社会形态的变化。人类在 300 年以前，知识总量翻一番所需的时间大概是 200 年。到了现在，差不多三个月就会翻一番。特别是有了网络，就形成了所谓的大数据。大数据不是指数据多，而是一种存在，数据的存在。就是全世界各个角落有不同的数据客观存在在那里，但是你可能看不见，你可能也不知道有还是没有，或者有但你不知道怎么让它们有效。同时，这些大数据的更新极快，且多种多样。于是，这世界就变了。

大数据的应用需要什么？它的应用需要创新意识。这是什么概念？简单举个例子，百度上其实什么都有，但我们怎么获取呢？这取决于你搜索时输入什么关键词，输入的关键词合适就能获得你要的内容，输入的关键词不合适就无法获得你要的内容。当然有人说搜医院，出来的全是莆田系的医院。这就是百度自己的问题了。同时，你以前搜过的内容，它会保存下来，这样它就会知道你需要什么，然后再推送相关信息给你，这也是一种大数据的应用。

记得在十多二十年前，美国人就开始研究如何控制一个人的思维。我当时看到题目觉得很奇怪，怎么可以控制？后来我看懂了如何控制，就是让你看它想让你看的东西，只要你一搜，就是那些东西，时间一长，你的思路便跟着它走了。这就是人家在大数据基础上研究的东西。

有了大数据，我们的社会形态就会发生改变。比如，我们以前在做产品时，大都是统计量化的，如商店里的衣服都是在统计基础上做的尺码，外国人会做更细的尺码，同一个长度还有宽度指标，于是就有了 S 型、M 型、L 型、XL 型等，我们买的时候只能去挑合适的。现在，这种情况将被网络制造打破，有了网络，用户和供应商就有可能面对面了，大家都可以在网上找到合适的用户和客户，于是就可以很方便地定制了。

大数据能做的事情实在是太多了。但是，这些数据挖掘怎么处理和应用？这就需要一种算法，即在数据虚幻缥缈的网络，甚至是乱七八糟的数据中找到有用的信息。云是一种处理方法，但云计算不是一种算法，而是一种思维方法。所以今后这块是非常关键的技术,我们现在搞不清楚这个东西,但有一点是非常明确的,那就是未来是基于网络的数据竞争,而其工具就是云和大数据下的人工智能。

我们现在的许多云研究到底在做些什么呢?无非是想搞些个东西去骗经费,而不是研究最核心的技术。所以,思路是最关键的。我们和人家完全是两种思路,人家在干什么?

其实我们可以看一下未来,一切都变了,和现在不一样了。就看淘宝,现在网上没有买不到的东西,只有想不到的东西。如果这东西没有,而你又一定要,还没钱、没资源,怎么办?众筹,登高一呼:我要做一个东西,但我什么都没有,有谁愿意跟我一起干?只要这东西有价值,就一定能聚集一拨人。这拨人为什么会来?细究下去,其基础是文化,也只有文化,一种对产品和消费的共识基础上的文化。这就是网络带来的。

今天马云们在想的所谓“新思维”,包括新零售、新制造、新技术、新金融和新能源等,实际上就是面向未来讲的。在整个世界已经变了的情况下,不这样想是不行的。特别是最基础的制造业,在思考时绝对不能基于现状。举个国内代工企业的例子,他们在下游,所以整天想着怎么多挣,于是自己搞了大量的装备,连测量设备和机器人都自己做,试图提高效率,降低成本。这样的考虑眼界有点小,如果思维跳不出去,那你将永远停留在整个制造链的底端,你是不可能上去的。上次看了郭台铭讲的对制造的思考,我曾写过一篇东西专门讨论,现在发表一下我的观点。我认为按他们现有这种思路没有办法做,我们看一下国内代工企业都做过些什么东西——自己做机器人做成了没有?做测量机做成了吗?低端的还可以,做高端的你认为人家专业做的是吃干饭的?所以必须脚踏实地,放开眼界做自己的事。

再看中国某些做空调的公司,不仅在做机器人,还在做汽车。你看他们做出来没有?他们什么都能做?上次我碰到一个公司的高管,我说:

你们公司空调全世界排第几名？家用空调你们量大，但技术是世界一流了？这个一流可不能是自个儿吹的。还有，你们的楼宇空调在全世界根本就排不上号。你们能不能先把自己的专业干好，不要多，能在全世界排到前三就牛了。你们干的就是人家不干的活，别动不动做机器人，这简直就是在侮辱我们做机器人行业的人，你们以为我们都是吃干饭的？当然，也许人家是醉翁之意不在酒，但我认为反正是不正常的。

看问题，一定要有战略眼光，要用系统思维。我们说网络一来，信息一来，解决的是人与人的距离问题。以前交通、通信方便后，人与人的距离便缩短了，大家觉得很方便，于是就有了“地球村”的说法，因为好像大家生活在一个村庄里。现在呢？特别是5G出现以后，它能解决的是场景问题，那么接下来我们把世界叫什么呢？我想了半天，叫“地球澡堂”如何？因为今后大家都没有隐私了，几乎都是赤裸裸地相互面对。

当距离消失后，人与人就完全面对面交流了，而且有足够的选择，于是人跟人的交流一定是基于心灵交互的。心灵交互的基础又是什么呢？唯有文化。在这种情况下操作应该是怎么样的，这是我们后面要讨论的问题。未来制造是基于这个逻辑讨论的，而我们一直在讨论的自动化系统等都在其下一层面。这些就是道和法甚至和器的关系。了解了这些问题，我们才能真正看到制造业面临的挑战。

还有一个挑战，也是由可选择引出来的，那就是全球化协同问题。今天已经没有一家单打独斗的事情了，但是协同靠什么，大家有没有想过？简单点举个例说，我们今天这么多的人能够在这边一起去探讨机器人，其基础是什么呢？实际上就是我们共同的对未来的追求，以及我们基本相同的三观。反正一定会有一个东西让我们聚在一起。其背后就是文化。很多人对“文化”一词很反感，觉得这个词很空，其实文化说穿了很简单，那就是一拨人的习惯。就好比我们上海人都喜欢吃清淡的，于是就形成了海派饮食文化,就这么简单。所以,今后的协同一定是这样做的。今天有的国家针对我们,就看我们不顺眼,那不一起玩了可以吗?各玩各的可以吗?人家的思路很清楚,我不跟你玩,这就是各自思路、文化下讲的东西。

所以文化是今后整个协同的基础,当你有足够选择时,这更是基础。今后文化做不到融合,你根本没法去协同,人家不跟你玩。大家看我们在搞的"一带一路"建设,想走的也是这条道——文化融合,根本的思路是一样的。

下面我们再看一下技术问题。新技术会是什么?这里举一个 2016 年的三星事件。当时三星手机炸了,大家想当然地觉得三星的质量不行,三星自己最后分析出来是设计问题和验证不够。我是搞质量的,我们可以换个角度来看,三星手机从 9 月份开始上市,到 11 月份召回,总共出产 350 万台。你在网上查有报道的事件,真的烧起来的有 40 台左右。按照百万分率的 ppm(parts per million)来算,大构是 11ppm,这种质量水平是很高的了。我们中国产品质量水平如何?三西格玛是 99.97%,六西格玛是 3.4ppm。那么问题到底出在哪里?今天全球一协同,竞争一激烈,产品要求高了,交付期短了,技术还够用吗?我们能不能在非常短的时间内试出 11ppm 的出错率?能做到吗?当技术不够用时,我们又能怎么办?如果用经验,那么经验够用吗?

我们面临的未来制造到底是什么东西?随着整个社会形态的改变,需求也变了,我们跟不上,因此真的要做的并不仅仅是今天的自动化,而是需要放开思路,去思考未来的网络制造到底需要什么样的文化和技术。

现在"工业 4.0"等都非常热,有时我们会听到一些所谓的专家在说什么"工业 4.0"没提质量,因为他们在德国人的报告中没有看到"质量"二字。于是他们居然还跑到德国去问这个问题,得到的答案是质量在德国不是问题。真不知道这些“砖家”到底在想些什么。那么到底什么是质量呢？未来的质量到底又是什么呢？

下面我把全世界对质量的思考给大家过一遍。其实从进入21世纪开始，整个世界就已经有了变化的端倪，只是国内没有人讲这个事情，一会儿我们来看国外是怎么思考的。

我们现在面临的技术也好，社会状态也好，实际上全世界老早就在思考这个问题。我们内部的专家听不见，也听不得这些东西。但我们一定要这样去思考，因为今后需要围绕这些东西去做，我们要考虑全新的。德国人的“工业4.0”，美国的先进制造伙伴计划，讲的就是一整套的东西，是人家的系统思考，是我们需要学习的。我们一会儿简单地看一下美国的思路，以及德国人、日本人怎么想，然后看我们应该怎么想。

我们从质量开始讲，大家有没有发现从二战结束以后，世界各国开始反思工业，在反思的同时去调整和发展，一点点转型和成长，也就是说工业是在大量的经验教训和新技术结合过程中成长的。到了1987年出现了质量体系方面的英国标准和ISO国际标准，它们实际上是ISO 9000的前身。当时大家讲的质量还主要是满足产品要求的一种企业能力，即企业要有满足产品要求的能力。看那时，全世界从20世纪70年代开始全面发展质量管理等，通过反思，逐渐走向正轨，最后形成了完整的国际标准体系。

反观我们，改革开放以后发现不对了，外面的一切已经完全变了，于是想都不想就开始拼命赶。赶的时候也不看路，就是拼命干活。其实我们的思路没变，更缺乏反思，我们对工程的理解远没到位，基本上还是按老思路在做。

到了2000年，新世纪来了，国际上新的一版ISO 9000又出来了，当时已经把企业的能力变成企业和客户的关系，质量被描述成了一组固有特性满足要求的程度，这是一种指标质量。学习标准是需要咬文嚼字的，标准的每个字都值得我们思考。只可惜我们没有这么去看标准,我们都不知道什么是标准。所谓“标准”,就是 ISO 9000 的质量定义。什么叫“固有特性”、如何去定义一个产品的固有特性,其中的每句话都值得我们去思考。大家在思考时有没有发现相关问题,就是未来是什么?所以国外是有战略的,有大思路的,这些都是基于反思的。

在 2005 年的时候,因为意识到这个世界已经完全变了,这是需要反思和数据才能看到的,于是联合国贸易组织和联合国贸发组织开始提问题:这世界已经在变化,未来质量是什么?请大家注意,时间是在 2005 年。有人提出问题,工业界就会解答,所以 2006 年开始,联合国工业组织和 ISO 标准开始跟进,他们要从技术上回答这个问题,比如什么是新质量、如何保障未来的质量等,这都是面向未来的。

实际上 2008—2010 年,国外就开始陆续组织大企业进行大讨论,核心就是未来是什么。整整反思、研讨、折腾了 8—10 年的时间,到 2013 年就差不多了,于是世界银行就出来说话了。世界银行是站在全球贸易的角度讲的,他们认为未来的质量要保障,这就需要世界各国都构建一个全新的质量体系,这个架构被称为“国家质量基础”(NQI)。这个 NQI 公布后我们却看不懂。为啥看不懂?因为那些业内的专家没反思,也不学习。后来国家专门派了十几个专家到世界各国去跑,去问人家这是什么质量技术,人家研究了近十年的东西,哪有那么好懂。回来以后这个东西落在国家质量监督检验检疫总局,但这是远远不够的,这个东西是一个国家战略层面的东西,至少是发改委管的事情。最后被拆分成三部分,第一部分是标准,第二部分是计量,第三部分是认证认可。也就是我们把它总结成这个东西,不过最近好像在改了。

因为反思了,接下来就要干活,于是 ISO 标准从 2000 年后就开始了对新版的思考,它最后把对新版的反思、对未来的认识和最先进的技术都融了进去,到 2015 年完成了新版标准。什么是新的质量?我们来看一下，大概意思是：一个关注质量的组织，就是一个企业，其倡导一种文化——满足客户和相关方的需求和期望。大家注意，需求还是明确的，就是指标，期望是什么？就是要让你感到内心的舒服，要把产品做到你心里去，就好比国外高端手机，那类手机是手机吗？它不是单纯的手机，在我脑子里那类手机是一种奢侈品，是让你感到舒服和体面的东西。最后实现了供应商的价值。大家看，新质量到底是什么？它已是文化质量了。

再举个例子，有一次我去国内一家代工企业，他们让我帮他们检测东西，就是手机的最后一道工序——包装之前找一帮女工体验在灯光下看手机舒服不舒服，不舒服的手机就不要了。换句话说，用户花那么多钱买个手机，到手是一个奢侈品，要值这点钱，让人觉得心里满足。它讲的是一种感受、感知，而不仅仅是一个产品。

所以在新标准中，文化很明确地被提了出来。这版第一句话讲的是什么？我当时看完之后非常感慨。我们一直不理解 ISO 9000，其实 ISO 9000 很明确地说，这个标准不是给一般企业用的，是给对成功有持续追求的企业用的，是帮助企业面对和形成过去数十年未遇到的挑战的能力的。反观我们的一些质量专家，他们只看格式，标准描述架构改了，格式改了，增加了几个术语——这就是我们的角度，是和标准的初衷完全不一样的思维。

结合我们前面所讲的背景，可以看到是一脉相承的吧？我们思考的问题和人家完全不一样。在这个思维上我们怎么玩？管理的组织模式、架构怎么处理？未来是产品和过程的融合，特别是网络已经让世界没有界限了，在这种情况下，绝对不能只讲集成、自动化——那都是底层的东西。要从文化层面讲，从立足网络环境去讲：我们怎么去思考？人与人之间没有距离的时候是什么状态？这种情况下的未来制造是什么？——绝不是我们现在讲的制造。我相信我这么讲，你们应该没有听过，肯定是第一次有人跟你们这么讲，但面向未来，真的应该这样讲。

那么面对未来，我们到底怎么办？我们只能去适应，人这点本事是有的。我们现在是什么情况？我们都是产业链上的一环，强调自己的位置和工作，这是我们的现在。但人跟人一旦没有了距离，个性化明显就出来了。因为网络，选择就可能了，所以整个生产组织模式也会变，特别是会形成动态。这时候需要企业的什么？那就是柔性，也就是自身的能力，有了足够的柔性，企业才能够快速地拼到全新的制造链上去。所以我说，我们原来是一块拼板，今后会变成一块柔性拼板。

自动化、信息系统和管理系统等技术，就是增强企业本身的柔性去拼接。拼接靠什么？靠标准和规范。所以未来的企业就是柔性拼板，这是未来企业的本质。然后我们来看网络带来的更大的好处。我们干吗只做拼板？我们可以去思考还能做些什么，然后去组织人家帮我们做，我们可以去协调、去组织，做玩拼板的人，此时，整个企业的管理和组织模式就全都变了。所以我说，未来制造进入了拼板模式。做一块柔性拼板，需要的是企业技术和管理的转型升级，而玩拼板，则需要思维的转型升级。

细化一下讲，自动化起什么作用？就是增强你的柔性，当然你也可以不做自动化，一样可以做制造，可以在这个玩拼板层面做，有问题吗？所以我们讲大数据面前人类是一片蓝海，只要你想得出来就可以做，这根本不是什么问题。如果你思路不变，就只能做一块柔性拼板了。

我们再回过来看德国人提的一个解决方案，那就是“工业 4.0”，它是德国人的概念和对未来制造的理解，以及他们解决问题的思路。这个也是 2013 年提出的，大家注意一下年份。从 2005 年 WTO 提出问题，到 2013 年解决方案就出来了。所以说，“工业 4.0”是为未来质量而生的。它有几大模块：第一大模块是智能制造，对应的是柔性拼板，一个智能拼板，一个柔性拼板。第二大模块是动态管理，对应的是玩拼板，以前叫智能工厂，是一种灵动的东西，能够快速组合，基于全球最有效的资源去组合生产。以前我们所谓“动态制造”，大概就是这个意思。第三大模块讲文化，企业的社会责任，“三位一体”。这就是德国人的理解和思路。

而我们在理解“工业4.0”时，只讲智能制造，别的都视而不见，或者说我们根本就看不懂。

在拼板模式中，全球协同是必不可少的，你和伙伴间靠什么聚集？靠文化，大家都讲文化和对文化的共识。那如何高效地解决这个问题呢？就是靠认证。所以今后会出现大量的认证，区块链在这个方面会有极大的用武之地。按这个思路回过去看NQI，我们可以看到一共是四块，第一讲标准，第二讲量值统一，第三讲认证，第四讲基于网络的市场监管。所以标准是基础，ISO 9000就是一个认证，过了认证，我们认为这个企业懂得ISO 9000，对质量和质量管理有基本思路了，可以被相信了，是有效率和质量的。

但现在几乎不讲这样的体系，现在只有在质监体系中才讲点NQI，其他体系都不讲NQI了，而这才是真正的国家战略。所以我写了一篇文章——《质量的战略意义和提升途径》，网上也有许多转的。一般我是不太正式发表文章的，因为比较累，所以随便写写感想，大家感兴趣的可以去看一下。

以工业体系为主，讲生产的模式、组织的模式，其背后是一套数据。这些看似虚拟的，但却是实际存在的，是大数据系统。它是如何构建和运行的呢？以前有一次一位英国和法国的双学位博士在我面前吹牛，说想要翻译什么都没问题，他都能帮我搞定。我给他出了一个题目：什么叫“忽悠”？要命了，因为好像讲不清楚什么叫“忽悠”，没有人给它下过准确的定义。后来他就不再跟我说翻译什么都没问题这种话了。所以工业的背后绝不简单，它是一套体系，一套标准化体系。

标准是什么东西？就是一套规则，一套运作的框架架构。这个架构让整个系统有序，这里面包括信息的管理、设备的集成、人员的集成等。这个体系架构是全新的，可难了，老外也才刚刚开始做架构，远着呢。而我们许多专家已经开始吹了，有的甚至号称要做“工业 5.0”了。外面有好多论坛，我从来不敢乱讲，有时候我第一个讲，他们就不敢往下讲了，有时候我最后一个讲，他们就很难看了。

德国西门子还是很厉害的，做了一套东西，讲了一堆东西，比如需要一个跨平台的模型，所有的供应商和用户全在里面，整个生产系统就是虚实相映。今后我们在研发的时候会有一个虚的东西，然后实际又会有一个实的东西。通过运行和测量，实际的数据能返回来，所以这两个东西以后就是虚实相映，虚的是我们构建的一个模型，这就是数字孪生。大家要注意，以后一个制造模型，一定有一个虚实相映的模型。你如何去优化，都是靠建模做的。然后就是所谓的资源配置。基于网络的资源有效应用，就有点像现在的 App 了。你要编一个数控程序，可以在网上发一条信息，我们这帮人都是网上的资源，可以马上给你搞定，你把 App 下载下来用就行了。全球资源就这样被有效调配，这就是新的模式，绝对不是以前的模式。然后就是所谓的供应链。供应商都是动态的，所以背后一整套的认证论可能需要极大地加强。你怎么信任这个合作者？谁要是干了坏事，以后就没人跟他玩了，这也是网络带来的好处，后面包括了整套管理以及所谓大数据，当然还有很多其他的内容。

所以大家可以想想看，在这种社会形态下，今后到底怎么做？现在好多专家一直试图告诉人们未来是怎么样的，说实话，欧美自己都不知道怎么玩，但是其把社会形态完全告诉人们了。然后美国人就开始研究核心技术。反观我们，因为思路差距，到现在还没有搞清楚什么是核心技术。

后面就是一些具体的协同技术、虚拟技术等，因为以后制造中都会这么玩，在东西还没有具体制造出来之前，人家要看，人家要培训怎么办？那时就会用到 AI 技术和 VR 技术。德国人就是在讲完未来制造体系以后，开始讲其中会有什么样的核心技术。然后就是大数据，这里应该主要是工业大数据。然后必须数字建模，建完全真实的、相对应的模型。今后数字孪生还能相驱，就是我动你也动，数据完全是通的。我们前面做仿真，后面慢慢变真实。总之，有太多全新的技术需要做，还有人机的协同技术、人机的交互技术，都是在“工业 4.0”里面慢慢提出来的。

我们在研究之前是要有场景的，然后再看技术。首先统一客户和供应商的思路，这是人和人的协同，思路不一样就没法干；在具体制造时才有人和机的协同。以后还会有人工智能的协同，这也是一种人机协同，背后就是大数据，是模型。

举一个很简单的例子来讲模型。美国人是建模算的，但今天我们有些专家却在笑人家，说什么直到今天为止，美国人还没有算出来上甘岭他们会输。如果我反过来说，哪天他真的算出来的话，你觉得还要玩吗？这个仗还要打吗？许多年以前我们认为计算机下围棋赢不了人类，那时的计算机只会下下跳棋，后来下象棋。现在呢？围棋还要下吗？这还是思路问题。以前我们和欧美干架是人与人在干，以后呢？人家边上坐个AlphaGo，还能玩吗？

所以思路不变，今后没得玩的。那怎么做出这样的东西？其实所有的工作都是在数字化、信息化，并在项目管理下展开做的。我们分析整个过程，再结构分解，把所有的东西做到最小单元，所有的东西用数字建模数字化，然后模型一出来，让计算机能懂，计算机就可以“跑”了，以后就没有人的事了。这就是可怕的地方。

所有这些东西的基础，我一直讲是标准化。有了标准化，就有了有效的数据，有了这些有效的数据，才会有信息化。信息是什么？是有用的数据。数据怎么来？是根据标准来的。所有的基础就是标准化的思维。数字化的核心是模型，不是自动化，那些都是显性的、面上的东西。但是这方面我们真的不擅长。如果这套东西不会用，你后面玩什么？没有计算机帮，以后我们怎么和人家玩？这是很恐怖的事情。到时我们 53 万套 ISO 证书，人家 5 万套，我们依然打不过人家。

当然,我们很关心这样搞法以后人怎么办?全自动以后人怎么办?其实人有人的用处。未来是什么概念?其实靠文化去融合,机器现在还没有办法去融合,至少在现在这个时候还没有看到。今后后端的工作都是机器人做的,是人工智能做。我们目前在上汽通用就这么做的,零件往后走,前面是图纸和模型,只要测量数据一来,一个键,产品的状况评价和整改报告就自动生成了。这是怎么做的呢?是我们把所有的工作全部分解完了,模型建完了,机器就可以做了。

以后做定制,我们面临的是越来越多的变化,你如果要让机器自己去变,就要用智能,那就得让机器知道和理解人是怎么做的。机器做了,所有的技术就必须再往前跑,让人考虑更深层的东西,当然,这样也许早晚我们会把自己逼死。

当我们可以和机器协同处理一个问题时,机器需要有稳定性和灵活性,最后才能形成协同,这是人机的融合。人与人则是文化的融合。比如融合了东西方文化的一幅画,一般人一看就知道是东西方文化的融合。我很喜欢和搞平面设计的人打交道,做跨界交流。我曾和一个平面设计专家做了半天的深度交流,他把他十年的作品一幅一幅拿出来,让我给他一个一个做点评。我把我做的事情拿出来让他了解。这种就是文化交流,很有意思。他会让我打开思路。所以在这个层面,人应该是不可或缺的,当然,我们还需要学很多东西,而且要持续学习。

有一次我在演讲中说,以后我们人类要不断进化,现在是自然进化,以后是逼着自己进化,要主动进化,所以我们要调整自己。我们能够做什么?我们要做文化,要做基于文化的制造参与。或者至少要有能力,当我们要跟机器协同时,我们要做机器不会干的活,这些就是未来的工匠。

现在我们应该能看懂德国人讲的“工业 4.0”了吧?那美国人在想些什么呢?美国人讲的制造,不是我们讲的制造,美国人没有定义过制造。我自己写了一段东西,内容就是制造过程中所有的相关要素是多维度融合。德国人讲的是解决方案，美国人讲的是领域和关键技术。

第一个是多技术领域的融合，这个你懂的。可是我曾看到我们那些做国家战略的专家在讲中国制造时用了一个“CIMS”的概念，这个词是我们在 20 世纪 90 年代讲的，叫“计算机集成制造系统”。后面一波专家玩不下去了，就改了名字接着玩，现在叫“现代制造系统”。我不知道为什么这些专家还活在那个年代。融合和集成是完全不一样的概念。

第二个是多学科的融合。跨界是未来必然的方向。

第三个是多平台的融合。也就是前面我们所讲的那些东西的核心技术及其融合应用方法。这就是美国人思维不一样的地方。美国有其基础，美国整出那么多东西，像当抓手的机器人，研究的是核心，是基础技术。像储能技术、移动互联网、人工智能、物联网、云等，都是核心的基础技术，应用是第二层面的。但我们不懂，于是拿场景当首要了，这根本解决不了问题。

当然，美国人也在讲让制造业返回美国，你以为这又是什么东西？前一阵有个人跑到美国去开厂，大家觉得麻烦大了。其实你要知道，我们的高铁项目到美国去，美国跟中国一样也有很多问题，于是美国要求我们去那开厂，用美国工人，当然也必须用美国标准干活。所以当他们做高端东西时，这是他们一定要掌控的。但低端的呢？大家都要有饭吃吧。于是就让你来开厂，你帮我把就业搞掉，这是很简单的事情。所以，美国让返回的可不是我们所讲的制造业，美国要的是核心，然后美国开始研究怎么推动创新、如何配置资源和资金、如何制订制度和管理方法，总之是在研究面向未来的整套机制构建。这就是他们在干的事情。接着他们就开始构建大量的研究中心，用国家的力量去做。大家可以看看我们是怎么做的，其中有多少差距，特别是思维层面的差距。

我们的“2025”讲的是什么？讲的是到最后把钱全部分到相关行业，分到各企业。把钱直接贴给企业合适吗？美国人就觉得不对，你这样的玩法是不公平的。但是如果你是国家层面搞关键技术，搞核心技术，谁来管你？全球都是这么干的，所以现在我们不提了。当然我们有自己的现状，我们是想从应用去逼，这是完全不同的套路。

美国的具体技术是企业做的，尽管美国GE号称把工业互联网给卖掉了，但实际上人家不是不做，只不过是换了一个人而已。人家更关心的第一个即核心是工艺。其实德国人也是一样的，只是没有明确提。第二个是柔性，第三个是整个链，就是整个生产的管理。在生产技术层面上，美国国家标准与技术研究院(NIST)就在做标准体系，这是战略。中国计量科学研究院只做计量，而美国标准与技术研究院是做制造战略的。

美国人做的标准体系主要有三条通道：第一条是有产品生命周期管理(Product Lifecyde Management，PLM)的；第二条是制造链，即整个产品的形成过程；第三条是人财物，资源管理和最有效应用。另外，未来还会有服务，它也是系统的。所以一个复杂的系统要有序转动的背后是什么？没有这套由标准组成的系统是转不起来的。

具体技术上因为我们没有这套机制，所以会感觉非常累。因此美国人在思考的东西是全战略的。

现在我们来看看日本人在干什么。日本的整个思路值得我们去思考。为什么？因为我们和日本都属于东方文明。撇开民族的事情先不说，日本人也在思考。我们老是说我们缺核心技术，缺创新，缺人才，这些都是空话和废话。可以看看日本人，他们每年都会出一版白皮书，中间有他们做得很好的地方，也有很客观和具有深度的反思。这一点远比我们好。他们认为整个日本的产品设计制造做得不错，特别是传承的经验、产品的质量在全球名列前茅。但是有以下几点反思：

第一，在数字化方面做得很差，没有模型，我们知道没有模型就没有AlphaGo，那以后怎么玩？

第二，缺乏协同，企业大而全，小而全，可是以后的趋势是全球协同，这样才能有效利用全球最有效资源。

第三，软件工具应用不够。这和第一条有直接关系。

大家可以看到人家的反思，对风险的评判，反观我们的报告，空话太多，实质内容极少，特别是可操作的实质性内容。

在这种情况下，日本人怎么做呢？只能是后端精益。当然他们现在也开始关注从头开始做精益。以前欧美对前面并没有搞清楚，所以有些产品确实没有日本好，没日本做得精。但是以后呢？欧美会靠大数据和人工智能来解决前端问题，这必须是从整个系统建模便开始关注的。对于日本而言，就如同前面讨论的三星事件，经验还够用吗？而且，数字化不上去，计算机如何帮？这是大问题，日本人看到了。

我们今天还在大量学日本。我告诉大家，这是有问题的。为什么？我们看不懂欧美的东西，我们看不懂未来会怎么样，问题和过程会怎么样。当然日本人也做了一个战略，这个战略在我看来是比较虚的，其把主攻方向放在能源上，能源确实是一个方向，但是说实话两条腿少一条都不行，日本的思路是有问题的。

当然，我讲的是一家之言，不一定对。我在试图分析我们以后怎么走。现在我们在学日本的管理，因为我们比他们差，但实际上真正该学的是欧美的东西，因为欧美无意中走上了一条正道，就是适应了计算机技术的发展和人工智能的发展，而且他们目前所做的事符合工业规律，即按部就班，按标准执行数字化、信息化和智能化。这样做的好处和结果会是什么？这个值得我们思考。我在这里把我所看到的事给大家做分享，大家可以思考对不对。

以 ISO 9000 标准为首的体系下面有什么东西？讲系统分析，讲过程方法，讲风险控制，讲前期计划，最后讲流程控制。这其中还有大量的方法，N 多的建模方法和建模语言。我跟大家举一个很有意思的例子，是我亲身碰到的。2006 年我在江淮做车身总装焊接夹具调试，车身很大，夹具有 7 米多长、3 米多高，需要把车身给固定住，当时的要求是调到 0.15 毫米。我们当时是配合德国人做测量的。怎么调？就是用螺钉调机架的状态，把机架调平、调直。我们是用数字化的测量工具测的，而德国人拿到原始数据就进入办公室，一小时后出来了，拿一把管子钳，这个螺钉松一松，紧一紧，那个敲一敲，就好了，一测，数据全部 OK 了。我是搞机械出身的，都没看懂。后来我想通了，德国人是建了一套模型的。德国人干活全部是这么干的。我们调这个东西没有两个星期调不下来，但德国人两天就全调好了。

我有一个学生去德国学习一年，回来告诉我德国人效率太差了。是的，德国人脑子是方的，但是人家那么多的方脑子把大厦拼起来，我们那么多圆脑袋干了什么事？人家的方是因为有棱有角有规矩，计算机就可能帮他。按我们现在的套路，计算机能帮你吗？所以真正的数字化是很可怕的，它必须有模型，而我们和人家的套路完全不一样，所以我们一定要转变思路。如果转变不过来，我们以后只能在后端干活，再下去，我们要竞争的是机器人，那就恐怖了。

下面展开讲些具体过程。我们说所有的设计都应该进行必要的验证，然后再做风险分析和控制。以前的正向设计是基于虚拟的假设，我们设计完以后验证，验证完了就结束。现在必须要做风险控制，风险控制就是让你假想很多小概率事件。所以说，风险管理实际上是一种创新思维，然后在此基础上形成一套操作规范，就是图纸和规范。然后我们按规范操作、按规范检测和控制。检测中有两件事情：第一件是检测系统的状态，前面讲了国外公司自己买机器放在国内代工企业生产现场，用于监控代工企业是不是按其要求的状态在做，也就是检测生产状态不能变。第二件是讲产品的合格率和控制，讲测量数据返回和知识的建立，所以测量是必不可少的。

国内搞精益生产的那拨人又怎么认识测量呢？精益生产项目上来先搞什么？先搞掉测量，因为他们认为测量是不直接出效益的，这可以说是日本人的思路，日本人是靠经验过来的，但问题是人家的经验是有效的，我们呢？未来当经验不够用时怎么办？其实我们可以仔细看，最近日本的质量事故一直在出，为什么？因为前面有欧美压盖着，后面有中国人在赶，日本怎么干？只能想法加速和提质，但技术不够用，经验又不够用，于是就被逼成了这样。所以欧美会通过建模和算法来支持。欧美是这么干的，将来就是这样解决问题的，计算机在帮，人工智能会帮。

当然大数据和人工智能也是很复杂的事情。特别对于设计，我们会用假设，然后用 AI、VR 和感受，再考虑系统的不确定性。整个模型就起来了，它背后就是一个完整的技术体系。

所以这种玩法大家一定要搞清楚，而且这些是在云上做的。我们需要关心我们的企业、组织端、领导和客户，在下游还要关心我们的产品和客户，这些都是必须考虑的。在欧美的体系中，转的是数据，走的是模型，完了再通过人工智能提升知识。大数据和人工智能的集成将是超维度的。什么是超维度？就是可以超越时间、超越空间的。其实一个围棋高手就是超维度的，一般人想三步，他能想十步，超了就没得玩了。我们还可以超越空间，在不同假设空间中算；还可以组合超越，在不同的人员之间假设计算；等等。

所以我们说有了数据以后，先是虚实相映，过去的事情以前没法再做，现在可以倒过去算。未来的事，同样可以假设后算。我们还能算各种组合、各种假设。更关键的是，我们现在并不知道机器的思维，这就形成了思维上的超维度。

为什么现在美国人把人工智能这个东西看得非常重，因为掌握了人工智能就掌握了未来世界，而且人工智能有着完全不同的思维方式。你不按它的思路看，真看不懂它想什么东西，这就是最可怕的。我们现在要换思维，不能用原来的思维去看，否则你根本看不懂。人工智能是很“可怕”的事情。

什么是人工智能？现在是靠图灵测试来定，即让你背靠背问一个问题，然后大家认为是人在答，就成了。这是一个测试，其实想想还是挺可怕的。

今天的人工智能是怎么算的？有一种就是模拟我们人的神经网络，一个个触点连接起来，这边一个个输入，那边一个个输出去匹配，中间是各神经网络节点架构和连接强度。然后开始训练，就是调整相应架构下的连接强度。最后形成输入和输出的一一对应，就成了。现在人脸识别就是这样做的。以后等到计算能力再大些，机器的功能就会变得更强大。

其实大家可以想一下，人再这样搞下去，一旦机器比人聪明，它还跟我们玩吗？人这么聪明，会跟傻瓜玩吗？然后会怎么样？这是我们要考虑的问题。今天，我们人和机器的交集已经产生了，未来也会很恐怖。当然这个事情我们这一代不一定碰得到，但是我们子孙那代估计会碰得上。

现在能看到的人工智能案例之一是自动驾驶，几乎已可以全部智能了。自动驾驶首先是对路上的重构，通过摄像重构现场和路况，非结构环境就是完全未知的环境。其次就是通行规则，然后就是控制。特别是当5G上去后，这种控制计算应该都不是问题，规则才是最重要的。由此可以看到，自动驾驶到底是什么，美国人是拿它做平台，研究传感器和控制的融合，而我们是用来申请项目的。

其实我们一直在挑战自己，人工智能的出现将带来很多工程伦理的问题。你看机器人与人辩论，结果说打平，问题裁判是人。如果按机器人的逻辑来说，也许是机器人赢，所以未来的世界到底什么是真正的逻辑，这事鬼知道。所以思维一定得放开走，只有这样才能成专家。而我们大多数专家没这概念。

现在，一大拨机器人正在走来，大量的机器人从工业领域走向其他领域，这件事情已经是趋势。也许今天我们看到机器人有那么多的缺陷，哪怕是很高级的机器人，但是趋势无法阻挡。现在有全世界机器人挑战赛，各种环境机器人在比赛提升，不久的将来人可能真的没有办法跟机器人玩了。

2017年，沙特给一个会说话的机器人发了护照，这昭示机器人将不可避免地进入人类社会。我们真的需要从实际出发，开始思考这些问题，这也是全世界的专家在思考的问题。后面我们会讲工程伦理，这需要我们考虑很多问题，尽管还比较远。

人要考虑很多，既要让机器人去拿东西，又要考虑如何阻止它。今天这个机器人还挺傻，但明天它聪明了，如果它还有一点脾气呢？如果它还有一点血性呢？那这人估计就完蛋了，机器人一定会和人干上，而不是任由我们把它推倒。于是问题就来了：人与机器到底怎么相处？

我们小时候有一部电影叫作《未来世界》，影片的最后都搞不清楚谁是人、谁是机器人了，后来男女主人公靠接吻才知道真假。未来到底会是什么情况？今天我们已经能把人的外表模仿得很好了。比如日本人做的机器新娘。可以想象哪天我们身边都是机器人，而且分辨不出来，那样会有多恐怖。

我们说机器人的能力取决于人工智能的命运。机器人是奴隶出身，如果它的能力不得了，有超凡的能力，你说这种东西我们以后怎么来处理它？其实我们做机器出来是让它来拯救世界的，让它来做到极致。所以当机器人没有足够智能时，我们并不需要有法律约束。那以后呢？这个问题一直在研究。以前有了机器人的三原则，这是一个美国作家想出来的。这三原则在我看来也是不太讲道理，如果机器人有智能肯定不听的。一是不能伤害人类，然后不允许其对人类受伤害袖手旁观。二是要求绝对服从。三是要保护自己，而当人遇到麻烦时还必须挺身而出。这就是作家写的东西。

今后机器人会受什么约束？欧洲已经在做机器人伦理研究了，真正讲到了对机器人和人工智能的约束，讲了很多：它的自主能力，它的责任，它的正义、平等团结的文化。以后我们还要给机器灌输民主、法治、安全保障、数据可靠可持续发展，再从九个方面制定相关的法律法规，去引导和规范人工智能。

其实大家应该都看到了不少预测和想象的可怕结果。我们看到很多电影里的疯狂机器人和机器人背后的狂人，这个怎么去约束？以后这类机器人出来后怎么玩？它不一定听你的，也根本不会听你的，那我们就需要考虑如何应对了。

下面讲一下我对未来人工智能的三点思考。

第一，机器人最基本的需求是什么？人的需求很简单，首先是活着，其次是安全感。只有安全了才可能去思考别的问题。今天的中国人安全吗？安全不仅是出门的社会安全，工作、房子、股票等都会带来安全感问题，天天打着鸡血的人，怎么可能去仰望天空、去创新呢？那么机器人的根本需求是什么？现在我们造它们出来，是为了最优，以后呢？当有了智能，机器人就会和我们一样了，想着先生存，再安全，然后再干活，那就麻烦了。

第二，终极的机器人到底是好人还是坏人？我们假想一下，把人类所有的书给它们看一下，它们会变成什么样的呢？好人？坏人？中庸？还是甚至认为这世界本不该这样？人类的存在是不必要的？这就引出了关于机器道德的思考。

第三，未来的机器人和人工智能会以什么样的形式存在？这个问题是为了我们以后处理好和机器人发生的冲突考虑的。有专家说，我们可以拔电，机器人不可怕。真不知道他们是怎么想的，等机器人比你聪明时，还轮得到你拔电？事实上如果到了那天，机器人一定是无处不在的，除非我们人类返回原始社会。问题我们有没有机会回去呢？

所有这些必将引出机器道德的问题，与其说是机器道德约束机器人和人工智能，还不如说是约束人类自身。

上述问题，我没有答案，留给大家思考了，谢谢。

（讲座时间：2018 年 10 月；成稿时间：2021 年 3 月）

李明，上海大学机电工程与自动化学院研究员，博士生导师。主要研究领域：产品几何质量、制造业标准化等。长期从事智能制造方面的教学和科研工作，发表学术论文 200 余篇，获得省部级科技进步二等奖 2 项，三等奖 1 项。主持上海市精品课程 1 门。已获发明专利 20 余项，主持和参与国家标准制修订 30 余个。

智能制造发展趋势与对策

何　斌

一、全球制造模式的变革

劳动力短缺、成本急剧上升、产能过剩、需求个性化、技术和产品快速更新，这些制造业所面临的问题迫使全球制造模式发生变革。该模式发生变革的核心是技术驱动，这包括功能的先进性、性能的先进性、成本的支撑技术。

制造业是经济的支撑产业。从美国重振制造业、德国“工业 4.0”、欧盟地平线计划、中国制造 2025 等，都可以看出许多国家对制造业非常重视。

首先，我们来看看美国。美国人在经历金融危机后，提出“再工业化”，希望重新塑造美国在制造业中的优势。“再工业化”的核心并不是把传统的工业化搬回美国，而是把高新技术注入制造业。所以，接下来着重介绍一下高新技术。

人工智能、机器人和智能制造技术，是人们普遍认为的高新技术。美国提出重振制造业的构想，还发布了《先进制造业国家战略计划》报告，将促进先进制造业的发展提高到了国家战略层面。美国拥有非常强大的信息化优势，通过与产业界、学术界、非营利组织等的合作，投资并促进高端制造技术的发展。同时通过发展人工智能、机器人和智能制造技术，构建新的金融格局，这主要从五个方面来展开：一是提升涉及国家安全产业的本土制造能力；二是提升先进材料的制造效益；三是发展新一代机器人技术；四是提高人员利用效率；五是以设计、制造、监测等过程，提升整个产品的生命周期。

美国试图从这五个方面来实现重振制造业。我们回顾一下19世纪美国如何取代英国成为全球制造业中心。20世纪70年代，新兴经济体打破了制造业的垄断优势。20世纪80年代，美国开始实施先进制造技术。一直到金融危机之后，2008年美国继续重振制造业，2011年提出先进制造伙伴计划，2012年提出国家制造创新网络，2018年再次强调美国制造。

从这个角度来看，美国非常重视制造业。回顾历史，可以看到美国近50年的GDP和制造业的关系：国家重视制造业，经济发展呈上升趋势；国家忽视制造业，经济发展呈下降趋势。在制造业遭遇困难的时候，美国有很多的措施，包括：一是美国的自然基金委提出的支持制造技术；二是先进制造计划，就是扶持制造业。美国从2008年开始重振制造业，发展实体经济，这个大趋势决定了制造业是这个国家实力的体现。

美国还提出构建先进的创新网络，其愿景就是发展本土发明、本土制造。其聚焦四个领域：一是制造工艺技术；二是智能制造的使能技术；三是产业应用与发展；四是先进材料开发。从整个国家层面提出四大聚焦领域，目的是实现制造业的振兴。在美国，有很多机构包括各部委，建立了一些制造相关的创新机构，有数字化制造与设计创新机构、能源部的下一代电力电子的创新机构和先进复合材料的创新机构。

美国发布了首批七个项目，我们来逐个分析一下。

第一，智能制造系统的安全。就是把安全放在首位，这是它基础设施建设的第一位。

第二，智能工厂实施优化。主要是以智能制造工厂的可视化技术展开的研究，这套技术在国内的一些企业也逐渐得到重视。对于工厂层面、公司层面就可以挖掘，比如信息的管理数据，包括工厂的实时运营数据、加工的工艺数据等，有了这些大数据就可以帮助工厂决策。

第三，机床的通信标准。未来，机床、设备、机器人，甚至人本身都需要通信，这将构成一个物联网—工业互联网。美国非常重视设备与设备间的通信。

第四，增强现实和可穿戴技术。目前，很多消费者已经拥有了一些可穿戴设备来记录个人的信息。接下来，工厂会如何使用这些数据？它会通过可穿戴技术实现工厂更多的信息交互。

第五，数字系统设计。这是利用整个产品的生命周期作为工具，使用数字化工具进行管理。

第六，物理系统。该系统是指从底层到顶层、从软件到硬件的预警系统。

第七，认证技术，包括传统的辅助分析工具、建模与仿真工具等。美国创立了该机构之后，非常关注包括先进的分析、先进的制造企业、智能机器人和物理系统的安全这四大领域。未来的机器都拥有智能功能，可以通过传感器来获得信息，通过驱动单元来实现功能。

前面所讲的是美国的一些技术和想法。接下来，我们介绍欧盟的高新技术。欧盟委员会提出了新工业革命，强调技术创新与机构的改革，有效可持续地利用资源；同时加大新的生产方式的研发，包括机器人、数字技术等变革。

大家都听过德国的“工业 4.0”，从德国的国家战略来看，高新技术战略被确定为未来十大项目之一。“工业 4.0”的概念是 2013 年提出的，目标是以智能化和网络化为方向进行工业升级。它提出了以信息物理系统的模式实现智能工厂，所以其本质上是一个非常庞大的系统。这个系统的目标是实现智能工厂，核心是动态有效的配置生产方式，这意味着很多的资源，包括设备、物料、人员等需要动态配置，目的是实现工厂的高效运作。我们很多时候都是在说产品的标准化，其实是从工厂层面系统推进智能化，推进“工业 4.0”的发展。

从 CPS(信息物理融合系统)到现在的 CPPS，多了一个 P，就意味着更强调以生产手段推动智能工厂建设。聚焦智能工厂，包括系统层面；聚焦智能生产，包括整个生产的管理，物流、人机互动等生产技术。“工业 4.0”有八大关键领域，包括德国非常重视的标准化、如何管理复杂系统、基础设施建设、安全保证、培训、职业发展、规章制度和人员利用效率。“工业 4.0”由三大系统组成：一是通过价值网络实现横向集成。二是垂直集成和网络化的制造系统。比如生产过程、研发过程。三是工业端到端数字集成贯穿整个价值链。

刚才提到最终是为了实现三个集成，横向、纵向以及贯穿于全价值链的端对端的系统集成。接下来我们介绍一下日本。日本非常重视制造业，提出产业复兴计划，目标是通过培育一些新的市场扩大国际市场规模，强化产业化基地。

最后来介绍一下我国的情况。制造业是我国经济发展的动力，规模非常庞大。未来十年是我们国家从制造大国走向制造强国的关键时期，尤其是两化融合技术、战略性新兴产业及先进制造技术，都是保持我们国家制造业的重要支撑。

我国目前的制造业规模很大。但从现状分析来看，一方面，我国在部分高端装备方面，与国外最先进的水平还有非常大的差距。笔者一直在与某企业合作研究冷镦技术(冷镦机是紧固件的工作母机)。上海大学已经研制成功了中国最大和最快的冷镦机。目前冷镦机也朝着智能化、绿色化方向发展。国内某企业购买的两台德国伺服冷镦机床，价格非常昂贵。上海大学现在正在研制中国第一台、全球第二台智能化的伺服冷镦成型装备，产品正在样机阶段。另一方面，我国劳动密集型的产品非常多,附加值相对偏低。在资本密集和技术密集的领域,与世界最先进水平还有相当的差距。党的十九大报告明确提出了加快建设制造强国,加快发展先进制造业,推动我国从制造大国走向制造强国。

当前我们也遇到不少困难:一是劳动力短缺,有些工厂不太容易招到工人,特别是年轻一代不太愿意从事体力工作,企业面临低附加值、高成本的问题。二是环境问题。制造业能耗高,劳动效率又偏低。所以中国的制造业还是有很大的空间去发展自主创新能力的。产业结构相对不太合理,特别是信息化水平,中小企业还是有很大的发展空间的。工人也非常辛苦,但劳动力成本却在不断地上涨。从这个层面来说,国家必须加快发展先进制造业,因为这有它的紧迫性、必要性和重要性。

接下来我们具备了一些技术。一是智能技术。笔者实验室有很多机器人,这也是一个合作伙伴。机器人很多时候是在代替工人。虽然是机器人,但它在做工人的事情。我们希望这个机器人能够变成一个工程师,具有一些初步的思考能力。二是网络技术。从单机到系统,网络技术起了非常重要的作用。我们希望可以形成一个网络,形成一个系统,形成智能工厂和智能车间。机器人本身也能够支持新的技术。目前机器人园区非常多,机器人公司更多,而且每天都在增加,但机器人的价格反倒在下降,所以机器人能够推动制造模式的变革,这已成为必然。

目前,有很多机器人可以代替人工,同时可以人机协同生产。比如国外高端机器人可以做到在720小时内无障碍工作,可靠性非常高。又如以机器人为核心的智能工厂。现在机器人已经发展到了非常精巧的阶段,可以做到双机协同。

波士顿动力的新型机器人,整个过程都是自主实现。这样的机器人知道自己的位置在哪里,因为它内置了一份地图,知道自己在上楼梯,会不会撞上,知道走哪些地方,这些都是实时的。我们说的机器人不仅仅是指长得像人一样的机器,比如扫地机器人,并不是长得像人一样的。

二、传统制造、先进制造、智能制造

从先进制造或者从传统制造迈向高端的智能制造，这样的趋势非常明显。智能制造、绿色制造、服务型制造，是转型的三大重点。如此转型可以实现价值链从低端迈向高端。所谓高端包括技术构成、技术指标及技术精度的高端。

智能制造并非是最近提出的，早在20世纪90年代就已经有人提出智能制造系统。最近，随着很多资深技术的发展，智能制造又开始成为一个热门领域。智能制造有很多的定义，其中科技部对它的定义是通过传感技术、网络技术、自动化技术、拟人化智能技术等这些先进技术，通过感知、交互、决策、执行来实现过程的智能化。本质上来说是信息技术、智能技术及装备在制造过程深度融合与集成。智能制造有很多行业特征，主要包含两个方面：一方面是智能制造技术本身，另一方面是智能制造系统。核心的一句话，就是通过感知来实现实时处理，最终通过决策优化，并驱动一些必要的动作。美国能源部也对智能制造进行过定义，指出智能制造是先进的传感、仪器、监测、控制、过程优化的技术与实践的结合，把信息、通信与制造环境融合在一起，实现实时管理。美国非常重视信息技术。"实时性"是美国能源部对智能制造定义的重要内容。智能制造还有很多其他的内涵。其实我们要研究的是实现智能制造的过程，以及智能制造的一些内容，包括制造装备的智能化、设计过程的智能化、管理的信息化、服务的敏捷化等，以期通过信息感知、实时控制实现智能制造。

最底层的装备要智能，车间要智能，工厂才能智能。今后的装备会有很多智能化的体现，包括感知、监控、自主学习、自动控制。车间会有很多生产物流管理系统、设备管理系统、人机互动、3D打印等，还有一些属于智能的模式和措施、智能工厂的建设等。

三、全球智能制造系统

全球智能制造系统，包括产品、材料和制造技术。产品、材料和制造技术都是有相关性的，所以未来的制造业，它的产品、材料、制造技术是相统一的一个系统。加工效率会不断地提升，精度也会不断地提高。这样的特点就是我们的材料与结构、工艺与装备的融合，比如大飞机，还有航天航空的火箭、发动机、核电风机等。这些重大的装备，本质上都希望从结构、材料、工艺、装备这四大领域展开一些新型的研究。

能体现工艺和装备融合的，就是智能化制造装备与生产系统。对于大飞机，还有一些汽车生产线，其实整个生产系统都会有一些集成化的控制。

高效、绿色、节能、低碳、环保，绿色是永恒的主题，包括高智能加工、高效率加工、低成本、环境友好设计。

制造技术与生产方式的融合创新引发新技术革命。通过以上的例子，我们可以分析云计算、大数据、移动互联网、物联网、人工智能这些新兴的信息化技术。它们可以驱动制造业，使制造业朝着智能化、服务化、绿色化方向发展。

美国提出“智能机械”的概念，并以此推动智能制造技术和再工业化。德国以赛博信息系统为基础，提出以智能工厂为代表的“工业 4.0”，希望成为制造强国。“中国制造 2025”提出 16 字方针，推动中国实现从制造大国到制造强国的转变。

四、“中国制造 2025”

为实施“中国制造 2025”，坚持创新驱动、智能转型、强化技术、绿色发展，加快从制造大国转向制造强国，我国从国家层面制定了很多战略及相应的发展方针。

从评价体系来说，制造强国有四个特征，包括雄厚的产业规模、优化的产业结构、良好的质量效益、持续的发展潜力，同时也包括一系列的评价体系，如一级和二级指标。“中国制造 2025”是从四个方面开始转变的：

第一，从要素驱动到创新驱动的转变。要素包括很多原材料。

第二，从低成本竞争到质量效益竞争的转变。

第三，从粗放型制造到绿色化制造的转变。

第四，从生产型制造到服务型制造的转变。

核心是融合，包括信息技术、智能制造技术的数字化、网络化、智能化的融合。国家规划了七大战略性新兴产业、十大重点发展领域。七大战略性新兴产业包括节能环保、新一代信息技术、生物、高端装备制造、新能源、新材料、新能源汽车等。十大重点领域包括新一代信息技术产业、高档数控机床和机器人、航天航空装备、海洋工程装备及高技术船舶、先进轨道交通装备、节能与新能源汽车、电力装备、农机装备、新材料、生物医药以及高性能医疗器械。主线是希望通过创新发展，实现两化融合，主攻智能制造。

针对上述领域，我国已经发布相应的指南和战略规划。总体来说，国家层面重大节点性规划是，希望到 2025 年能够迈入制造强国行列，到 2035 年进入中等水平制造强国行列，新中国成立百年的时候能够步入制造强国前列。具体实施工作包括四项原则、五大工程、八项战略支撑、九大战略任务、国家层面的创新能力建设、两化深度融合、工业基础能力建设、质量品牌建设、推动十大重点领域发展等。

五、智能制造系统支撑平台

智能制造系统支撑平台是以创新中心作为基地，以云计算、互联网为基础，建立以大数据为支撑的制造业创新中心。这意味着有很多关键技术的研发平台，需要很多的外部支撑。比如，有很多企业的创新得到了很多产学研用产业技术联盟的支撑。

从国家层面看，需要一些模式创新，包括建立若干个国家级平台，这类平台是连接基础性、工程化、产业化的研发平台；人才培养模式的创新和相应标准的建立。总之，要建立国家层面的制造业创新中心的模式。

目前，国家层面的模式正在构建其体系。国家层面、区域层面、企业层面都希望在共性技术、成果转化、人才培养方面进行探索。国家非常重视节能减排，传统制造业的绿色改造计划是必经的道路。高端产品的创新工程，比如大飞机、海洋装备、高端数控机床等方面都需要更多的突破。

西门子在成都建立了一个“工业 4.0”示范基地，基于产品的全生命周期管理，提出数字工程的解决方案。博世以软件平台为核心，提出以制造云和物流云为核心的流程再造，从而实现智能制造。工业互联网是由美国通用电气公司(General Electric Company，简称 GE 公司)提出来的，希望基于工业互联网形成整个生命周期的管理平台。三菱电机希望建立底层硬件、中层软件、顶层软硬件结合的人机平台。谷歌公司针对智能制造创立了以云计算为基础的整套解决方案。微软拥有一系列的软件平台，特别是用嵌入式系统为智能制造提供了一些解决方案，是以云计算为基础的整套服务。因为以后的可穿戴设备都将是以嵌入式系统作为核心的软硬件平台。亚马逊不仅仅是一个电商平台，它更多的是为企业提供基础设施服务，比如云服务、数据库技术都有亚马逊的贡献。后面提到的很多企业都不属于传统制造业，然而也都在涉足智能制造业。

接下来说智能制造的实力。比如机床，从 18 世纪开始一直到现在的绿色化机床、智能化机床，一直朝着更精密的机床在演变。精度更高，智能性更强，也更绿色，这就是整个数控技术的发展趋向。数控机床有很多特征，比如多轴联动、高速主轴、高精度、高刚度，这些特征都会引出很多前沿技术问题。比如精度问题，它的热、振动都会引出一系列需要解决的科学问题。

在智能机床领域，美国也有一些想法。比如机床本身可以与人交流，共享信息，自动监测，自动优化，具有自主学习的功能。德国、日本的高端数控机床，都有自己的操作系统，其主动的主轴监控是非常了不起的技术。

我们的智能数控机床，特点包括加工技术、智能化加工和自动化驱动技术。它能够支持和控制自动化状态监控、状态维护、智能化误差补偿，以及利用网络技术进行自动化的操作、远程辅助等。这就是我们下一代智能技术所应该具备的五大功能。数控系统是整个数控机床的底层控制系统，所以必须要具备支撑智能数控机床的基本功能，包括数控系统多功能化、控制精准化、过程可控化、高可靠性化、绿色化。

接下来我们分析德国、美国和中国的工业制造。从当前的水平来看，德国的工业制造更注重于以新兴的技术引领新的生产，所以他们主要从创新、互联网、智能制造方面加快提升制造水平。

美国是互联网的发源地，更重视信息化在智能制造中的应用。我们国内可能会面临一些挑战，比如 CPS 对信息安全的挑战。面对开放标准、制造工艺、技术，以及信息技术跨领域人才问题等，我们希望看到成立更多的跨学科背景的培训机构。

上海大学是全国第一批拥有智能制造专业的学校。2018 年 9 月，中国第一批智能制造专业本科生入学。

六、智能制造和机器人产业研究的应用现状

第一，工业机器人领域。目前，在智能机床行业，机器人正在做很多工作。在航天航空领域，上海大学研发的在轨组装机器人系统也有应用。

在海洋装备领域，上海大学参与了全球最大的2 000吨海洋风电安装平台的研制工作。在轨道交通领域，建立了以机器人为核心的轨道系统，以及用来检测轨道交通的机器人装备。在汽车行业，机器人应用非常早，包括在焊接、喷涂、搬运上的应用等。上海大学团队参与了中车智能制造系统的研发。在新能源汽车行业，也有很多机器人的应用。在电力行业，包括AGV对变电站的巡检，以及智能物流系统的应用。在能源行业中，使用无人机对高压电线作监测，使用机器人完成核电站高危任务。在农业上，用于采摘、灌溉、施肥等。生物医药的达·芬奇机器人，可以用于做手术。在物流行业，机器人已经得到非常广泛的应用。

第二，服务型机器人领域。比如智能陪伴、政务、扫地机器人，目前已有很多以机器人为核心的应用。

七、个人近年的科研工作

在理论方面，笔者侧重于装备，特别是重大装备的研发以及节能减排方面的探索，其中以低碳设计制造为核心的重大装备的研发，得到国家自然基金的持续支持。刚才提到的机器人都涉及欠驱动技术，这是笔者在机器人领域研究的核心技术之一。目前，六轴机器人很多，这就意味其有六个电机六个自由度，但对于一些需要轻量化的产品或产品需要柔性的地方，欠驱动技术就非常有用。比如发那科机械臂电机驱动部件占整机重量的80%，如果能减少一个电机，则从原理上可使产品轻量化。2008年，上海大学团队发表了全球第一篇以机器人手腕为核心的论文；2010年，得到了全球第一个机器人手腕发明专利。上海大学团队欠驱动技术有很显著的特点：一是非常轻，原理上是轻的。传统的实现轻量化的方法是使用轻型材料，但这种轻量化的效果是十分有限的。二是低能耗。三是高柔韧性。作为与人接触的装备，比如外骨骼机器人，因其是由人体来驱动机械臂运动，所以需要更多的柔性驱动。笔者以欠驱动技术为核心技术来推动机器人技术的研究,因此也成为美国机械工程学会 *Journal of Computing and Information Science in Engineering* 的副主编。我们希望以欠驱动技术在世界机器人研发应用领域为“中国智造”占据一席之地。

近几年,我们团队主要在五个领域展开机器人研发工作,包括航天、船舶、医疗、检测和物流领域。从智能制造技术角度来说,技术可分为三大领域,包括装备、系统和服务。笔者主要在装备和系统方面做大量的研究工作。

我们团队在机器人领域开展的主要研究和成果:

第一,航天装备机器人领域。我们与航天八院合作,正在研制国内首台大型天线在轨组装机器人。目前在地面试验中已经取得了良好的效果,有望实现在轨应用。

第二,能源装备机器人领域。我们完成国内首台排放机器人系统。以前在大型海洋工程装备、船舶焊接领域,都是人工做石油管道的对接,目前我们团队正在研发用机器人替代人来实现对接。事实上,这项技术比汽车焊接要困难很多。石油管道一根重 4 吨,长 10 米,需要很多机械装备才能把管道放到井下,目前新研发项目将用机器人在陆地上完成对接工作。

第三,医疗康复装备领域。我们团队正与复旦大学附属华山医院合作开发手功能康复机器人和助力机器人。

第四,机器人检测领域。在按摩椅检测领域,以往的产品出厂前都会经过几轮人工测试。我们研发了一套全自动的按摩椅检测系统,大大提高了其检测效率,降低了成本。我们在机器人上安装四十多个传感器探头,八分钟就能判断按摩椅性能指标是否合格,如果不合格,还可以查出故障的原因。

第五,物流装备领域。应用领域包括物流机器人和智能车库。

我们团队在智能制造装备领域的主要研究和成果：

第一,研制了中国最大的冷镦装备。中国最大的冷镦装备项目已获得科技部重大专项,并得到科技部和《浙江日报》《宁波日报》的报道。冷镦机是生产螺栓紧固件的装备。在传统机床车间,冷镦机往往充斥着大量油雾,这不仅对机床的寿命、工人的健康造成影响,还会对环境造成极大的污染。在此基础上,我们做了节能减排的改造,研发了一套新型的油雾处理器。它不仅安全,而且免清洗,可以有效地处理机床所产生的油雾。在某紧固件的制造工厂,我们在生产装备上配备了新研制的油雾处理器,测试结果表明,使用前后有明显区别。同时,我们也在进行产品的更新迭代,最新产品已经在南京工厂使用。目前,我们正在研制中国第一台、全球第二台伺服冷镦机,该设备有望替代进口产品,负责制造的工厂已获得每台 5 000 万元的海外订单。我们还在研制新一代机器,即中国第一台伺服可调冷镦机床,可实现成型过程的可调化。国际上,该技术只被德国人掌握,目前上海大学已获得了此项技术的自主知识产权。

第二,研制了全球最大的海洋风电安装平台。2013 年,我们研制了 800 吨风电安装平台,现在正在做全球最大的 2 000 吨风电安装平台。新的 2 000 吨平台可同时容纳五台世界上最大的风机。新闻联播和《人民日报》报道,“该风电安装平台已迈入国际一流行列,多项技术打破国外垄断”。

第三,研制了智慧农业装备。智慧农业是“中国制造 2025”的关键技术。从智能系统应用到农业的自动化生产、装备及管理,我们做了很多工作。一个项目是温室信息管控平台。该设备以智能传感器为核心,从传感器获取温室大棚内的实时数据,根据实时的温度、湿度、光照度等信息,来判断何时应浇水及浇水量,使用肥料的种类、肥料配比等。同时,对于所获取的传感器历史数据,利用大数据技术对其进行数据挖掘,建立园艺作物的生长模型，用户只需选择要种植的植株及所处的季节，它就会给出当前环境下最优的生长模式。

另一个项目是一套果蔬采摘机器人系统。我们利用自身优势研制适用于农业采摘的新型机械臂。对于果蔬采摘，最重要的是避免采摘过程中对果蔬的破坏，因此我们利用欠驱动技术研制了柔性末端手抓，实现了果蔬的无损采摘。机器人系统往往有许多传感器，视觉系统就像人的眼睛，作为与外界交流的主要工具，其指引着机器人的控制系统到达目标点。我们利用智能技术建立果蔬品质识别深度学习模型，以便识别不同品质的果蔬，如分辨成熟番茄与非成熟番茄。

第四，研制了以制造执行系统（MES）为核心的智能制造系统。基于工业互联网的智能制造系统和产品数据管理系统，我们以工业互联网为平台，用移动机器人来服务多台数控机床，并融合上层的信息化和底层的智能化，来实现以制造执行系统为核心的软硬件平台，以及工业装备的智能制造系统。目前相关技术已经得到应用。

我们还研发了大型船舶的智能制造系统。大型船舶的焊接技术非常困难，需要实时判断机器人在哪里焊、采用哪种模式来焊。船舶的焊接工作量非常大，我们技术团队需要规划路径，需要软硬件支撑智能制造系统。

我们未来的研究重点将放在机器人、智能制造系统、海洋工程装备、大数据及人工智能应用等领域。

2018 年，上海市首批推出 18 个功能型平台，上海大学积极响应号召，依托上海电科院和普陀区政府的支持，在普陀区参与创建了上海机器人产业研究院。该研究院从机器人的可靠性和智能化入手，集聚了全国尤其是长三角地区在机器人研发转化领域全方位全供应链的人才。同时，我们正在与国内外顶尖企业合作，建设上海大学智能制造与机器人示范工程。

现阶段是我国智能制造和机器人发展的最好时期，无论从国家层面还是上海市层面，都非常重视智能制造与机器人技术。接下来，智能制造会向着结构、控制系统、传感器、个性化、人机交互、驱动、智能化的方向发展。国家层面非常重视人工智能战略，发布了人工智能的重大专项。

发展先进制造业已属势在必行，刻不容缓。前有围堵，后有追兵，包括东南亚的一些发展中国家，也承担了很多制造任务。发展先进制造业已经成为我们国家的重大战略，影响将非常深远。我们的先进制造业在制造业中占的比重很大，今后会越来越大。我们希望由大变强，从制造大国变成制造强国。如何参与国际竞争？核心就是通过制造业驱动国家综合国力的提升。国家层面颁布了很多制度措施给予保障，比如工信部制定的八大措施。总之，先进制造业是我们转型的重要途径。结合国家形势，经过一二十年的发展，我们的制造业一定会有非常大的突破，并在某些领域达到世界领先水平。未来十年是非常关键的十年，基于网络信息化的制造技术，国家会非常重视。这意味着以信息化驱动先进制造业，进而实现智能制造是一条必经之路。

（讲座时间：2018 年 10 月；成稿时间：2021 年 3 月）

何斌，上海大学机电工程与自动化学院教授，博士生导师。主要研究领域：可持续智能设计与智能制造系统、欠驱动机器人等。担任科技部、教育部、国家自然科学基金委、上海市科委、浙江省科技厅、江苏省科技厅、湖南省科技厅等部委的科技奖励/评审/咨询专家，担任上海市智能制造及机器人重点实验室副主任、中国机械工程学会可靠性分会委员、ASME 机器人标准委员会委员、ASME *Journal of Computing and Information Science in Engineering* 副主编等。

脑机交互结合虚拟现实的机器人控制新模式

杨帮华

一、人工智能的进展与应用

智能是把人类的智能和机器的智能高度融合在一起，比如一个人没有胳膊或者没有腿了，我们会做一个机械臂或机械腿安装到这个人身上，如果这个生物体的人能够把机械臂、机械腿与自己的身体融为一体，当他控制机械臂、机械腿的时候和控制自己生物体的臂和腿一样，这就叫作半机器人。虽然目前的智能化程度还不够高，但是我们正在朝高度智能化方向发展。还有那些不能站，不能自己动手吃饭、喝水的人，通过一些技术可使其具有一定的生活自理能力。这种半机器人是人类的智能和人工智能的高级融合。总而言之，人工智能已经渗透到生活的各个方面，尽管有一些负面的报道，但是我相信这些技术正在不断地改变我们的生活。

智能是用来揭示自然界各种奥秘的。自然界有四大奥秘：物质的本质、宇宙的起源、生命的本质、智能的发生。大家可以看到，在自然界的四大奥秘中，智能是其中一个非常重要的方面。

到底什么是智能？不同的人有不同的说法：思维理论认为，智能的核心是思维；知识阈值理论认为，智能取决于知识的数量及一般化程度；进化理论认为，智能就是用控制取代知识的表示；等等。

智能，顾名思义，就是知识与智力：一方面是要具有知识，另一方面是要具有智力，两者的高度结合构成了智能。只有拥有了知识，才能具有智能的行为。在我们日常生活中，为什么不同的人对同样的事情做法和反应是不一样的？因为不同的人前期具备的知识是不一样的，所以在处理同样的事情上所表现的行为就不一样。知识是一切智能行为的基础，对机器人也一样，只有当它拥有一些知识时，才可能有一些智能的行为。

智力指的是什么？智力即指获取知识，并能够应用知识求解问题的能力。我们从小到大一直在学习，由此掌握了一定的知识，然后使用知识来求解，因此具备了求解问题的能力，所以人具有了智力，即具有了智能。

其实对智能的理解还有很多方面，比如什么叫作智能程度比较高？感知能力就是其中的一个方面。感知能力是指通过视觉、听觉、触觉、嗅觉等感知外部世界的能力。人类自身一系列的感觉器官所获得的对外部世界的认识，就叫作人的感知能力。另外，我们感知外部世界所获得的信息中，大概有 80%是通过人类的双眼获得的，其他有 10%左右是通过耳朵来获得的。在感知能力方面，眼睛是人最重要的器官。

刚才讲了感知能力，现在来讲人类的记忆与思维能力。所谓记忆，就是把一些信息存储到大脑当中，这和计算机的存储是一样的，即能够把感知器所获得的一系列知识和外部信息等存储起来。

什么是思维？思维就是对记忆的一系列信息的加工。为什么具有思维？肯定是基于前期通过感官获得的对世界的认识。人把它存储在大脑当中，当人遇到一些新东西的时候，通过充分调用大脑当中的“记忆”，对新东西进行信息处理，从而获得思维判断能力，如抽象思维、形象思维、灵感思维等。其中逻辑思维是具有严密性和可靠性的。

但是你要是用一些数学语言来表达这些直觉的感觉能力，可能不一定能够表达出来，或者用一些数学的表达不一定能够得到满意的结果，所以我们经常说有些事情只可意会不可言传，就是这个道理。

还有所谓灵感思维，指的是一些不定期的突发性思维。比如某人看到某个东西后突然有了创造性的想法，我们把它叫作对物的思维，它是穿插于形象思维与逻辑思维之中的。我们人类，有的是具有学习能力，有自觉意识的，有的是不自觉的、没有意识的，还有的是有老师指导的，也有的是通过自己实践而具有学习能力和一系列行为能力的。感知能力是系统输入，行为能力则是系统输出，即通过认识世界，感知世界，最后指导人的行为。

人工智能虽然没有明确的概念，但目前来讲，我们一般认为人工智能指的是用人工的方法在计算机上实现的智能，或者说人们使机器具有类似于人的智能的过程。人工智能是通过编程的算法等让机器具有人的能力。

人工智能也叫智能的计算机或者智能的系统，它是能模拟、延伸、扩展人类智能的学科。1950 年，为了测试人工智能的智能化程度，科学家做了个实验——让一个人在房间外面，机器在房间里面，问人和机器同样的一些问题，看看两者的回答有什么不同或者类似之处，由此判断这个机器是不是具有人的智慧。如果回答出来之后，人类无法判断是真正的生物体人在回答还是机器人在回答，我们就说这个机器具有了一定的智能。

人工智能作为一个概念，有其发展历史。首先我们看 1956 年之前，比如公元前 36 年、公元前 43 年等，都初步提出了人工智能，虽然那时候不把它叫作人工智能，但是其中一些推理的计算、符号的规则等都是人工智能前期模模糊糊的概念。人工智能的形成主要是在 1956 年之后，从 1956 年到 1969 年这十几年的时间，我们称之为人工智能的形成期。在此期间第一次正式出现了“人工智能”这样的名词术语，标志着人工智能的正式诞生。自 1956 年开始，人工智能在机器学习、问题求解、专家系统等方面有所发展。尤其是在 1969 年成立了国际性的人工智能联合会，在 1970 年创建了国际性的人工智能杂志。

我们国家人工智能的发展在20世纪70年代之后，1978年我国开始把智能模拟作为国家的一个重要发展研究课题。1981年，成立了中国的人工智能协会，标志着人工智能在我们国家研究的开始。人工智能发展很快，现在人工智能已成为计算机、航空航天、军事装备、工业等多个领域的关键技术。

自从1956年提出了“人工智能”这个概念之后，人们把空间技术、原子能技术、人工智能作为20世纪三大科学成就。

人工智能是指由机器去实现目前必须借助人类的智慧才能完成的一系列任务。大家知道人工智能目前还没有强到在各个方面都可以和人类智能相比，我们只能说在某些领域它超越了人类，但远未达到人工智能超越人类智能的程度。其实人和机器有各自擅长的领域，只是一些比较简单的重复性劳动可能机器更为擅长。

很多复杂的问题，也许我们用眼睛一看，或者用我们的大脑稍微思考一下就能解决，但是机器人解决不了。人工智能的发展在学术界也分为两大方面：一个叫作弱人工智能；一个叫作强人工智能。弱人工智能是指基于机器学习的算法、程序设计预测情况，做出执行方案。目前在工业控制方面，让机器人做的基本都属于弱人工智能，实际上很多都是已经编写好的计算机程序，即人编写好相关算法后，让计算机执行相关的算法和程序就行了。

什么叫作强人工智能？这是未来的发展方向，就是能让计算机编写一些程序，让它具有自己的思维能力，形成自己对外部事物的理解，然后自己作出决策。虽然我们已经朝着强人工智能发展，但是这方面还不够强，只能说人工智能在语音、人机交互、情感等方面对人有一系列的理解，而还有许许多多复杂的事情，计算机仍是不那么容易办到，比如人的喜怒哀乐。一个人说话的时候，也许你不一定看得出来其表情的异样，但你能够通过他说的话感知到这个人的情绪和状态。如果让计算机做这个事情,可能是不容易的。

在脑机交互领域,对这样的研究,目前采用脑电波技术,结合图像识别技术对人的情绪做出判断。目前这是一个复杂的问题,没有解决得非常好,让计算机通过你说的话就能够知道你今天的情绪,还是有难度的。所以说让计算机具有思维能力,我们称之为强人工智能。

所谓强人工智能,简单理解就是人怎么样,这个机器就能怎么样,尤其是能够模拟人类的思维和决策,使机器像人一样进行决策,我们就说它达到了或者具备了强人工智能。而目前的人工智能基本上落在弱人工智能方面。

人工智能概念从 1956 年产生到现在,呈现不断发展的趋势。也有人说现在虽然人工智能在高速发展,但是也是人工的智能,没有人工就没有智能,或者说没有人给予机器这些复杂的、处理问题的能力,让它具有思维能力,它是不可能自行获得思维能力的。当然,我们最终要达到的强人工智能,就是希望使机器能够像人类一样,具有人类的聪明和智慧。

人工智能是一个涉及多学科的发展领域,包括计算机科学、生理学、自动化等。它是一个交叉的学科,不是一个单独的学科。根据原理的不同,人工智能又分为基于符号主义、连接主义、行为主义的三个不同流派。不同的流派对人工智能有不同的观点,其研究方法也不一样。不同的领域都有一系列的突破性进展。

人工智能的发展分成几个时期:从 1956 年到 1974 年,人工智能的发展遇到各种各样的障碍;从 1974 年到 1980 年,发展比较缓慢;从 1980 年到 1987 年,发展比较繁荣;从 1987 年到 1993 年,进入低潮阶段;从 1993 年到现在,尤其是 2016 年以后,人工智能得到了突飞猛进的发展。经历了多个时期,人工智能的发展也是波动式的,在不断的波折当中,不断地解决问题,不断地发展和前进。

美国的斯坦福大学、卡耐基梅隆大学以及很多研究机构都在从事机器方面的研究，当然侧重点各有不同：有的侧重智能机器人的研究，有的侧重仿生机器人的研究，还有的研究机器学习算法、专家系统、自然语言的理解、机器视觉等。

如果你想对人工智能进行一系列的研究，那么有许许多多的概念需要理解，特别是知识的表示。如果你想让计算机像人类一样思考和处理问题，首先你得从各种各样的人那里获取各种知识，然后用计算机能够理解的符号、语言把它们表示出来。换而言之，就是利用代码把这些知识表示出来。再言之，知识与知识之间怎么连接？人具有推理能力、逻辑思维，而把这些推理能力、逻辑思维变成一系列计算机符号语言，这样的做法就叫作知识的表示，就是知识如何采用计算机能够识别的代码和运算表示出来。

机器的思维涉及大量的算法。把感知到的外部信息、外部知识采用计算机的语言符号表示出来并进行一系列的加工，这一过程叫作机器的思维。

机器的学习，就是使计算机有类似于人的学习能力，让其自动获取知识。机器不仅能接受外部给它灌输的知识，而且能基于这些灌输的知识形成自主的学习能力，这就叫作机器的学习。

机器的行为涉及机器的执行机构的运作问题。像我们说话、写字、画画，这都是人的一系列行为。如何让机器像人一样，能够基于知识的表达，基于知识的思维和学习，做出各种各样的判断并执行相关的决策呢？这就是需要我们研究的核心问题。

我们前面讲的是一些概念，下面我们看人工智能在军事、工业方面的最为典型的应用。

人工智能这门技术涉及很多方面。在理论方法的研究上，它包括一些自动定理的证明，涉及算法、方法及大量的理论。有人专门研究自动理论的证明，包括我国一些著名的数学家，都是做了一系列理论研究和演化算法的，比如在博弈方面，也就是下棋、打牌、战争等竞争性的智能活动，也有算法。

模式识别是人工智能领域研究的一个最为重要的方面。它是根据研究对象的某些特征对其进行分类、识别。例如各种各样的人脸识别、物体识别等。在军事方面也有很多应用案例。尤其是在海上,到底如何利用人工智能方法进行人机的高度融合?比如来了一艘船,远远的通过一些声音,你怎么知道这艘船是我们的还是敌方的,它是哪种型号的,由哪个国家制造的等,其实这些是很高难度的问题,也是我们刚才说的交互设计文档(Design Requirement Document,简称 DRD)的重要研究内容之一。

机器的视觉,即指让计算机像人一样,具有通过眼睛感知外部世界的能力。这个应用非常多,包括在半导体、电子汽车、制药、包装、印刷、零配件的装配等领域。

对自然语言的理解,相当于刚才说的人工智能、语音识别。这些理解在某些方面不仅能够正确地识别,有时候还有纠错的能力。所谓纠错的能力就是有时候读音会被读错,或者人在手写的时候写得很快,某个地方少了一个点或多了一个点,虽然你写错了,但是计算机可以帮你改正。这些就是对自然语言的识别能力和纠错能力,其大大提高了人机交互的水平。

还有智能检索,比如我现在要找某样东西,我说一句话,让计算机自动在网络上搜索,然后把一系列最相关的东西按照我所需要的相关性排列出来。

数据的挖掘、知识的发现都涉及一系列的建模方法,比如聚类、决策树、深度学习中各种各样的算法,包括生成对抗网络等。如何从信息当中挖掘最重要的最相关的信息,包括数据的预处理,如各种噪声的预处理等?怎么建立实现该功能的模型,并对这些模型进行一系列的评估?

我们构造的一些专家系统,就像智能的医生,可以进行诊断。我们到医院去,医生是怎么诊断的?目前专家作出诊断、判别、分析,很多是靠仪器和设备提供的大量数据。专家系统类似于我们挂的专家号,如果一个人从生下来开始所有的健康状况被保存下来，计算机对这个人的分析会比医生分析得更加全面。因为一个医生总是基于人最近一系列的症状作出诊断，而计算机则可以对人在每一个阶段身体生理指标的变化进行详细分析。

还有自动的程序设计，现在的程序设计还是靠人来设计一系列算法，编写程序。今后，等人工智能发展到一定阶段，人们只说要解决什么问题，人工智能就可以编写一段程序，这个程序不是我们人来编，我只要告诉计算机我要干什么，我要解决什么问题，计算机会自动编写一段代码。比如现在要预测气体的浓度，要让这个机器人进行路径的规划，如要走哪条路等，我可能只要说一句话，然后它就会自动按照我说的语言，自动给我编写程序，自动去执行。这个叫作自动程序设计，目前还没有达到，现在都是通过程序员编写代码。

用一些程序控制的机器人，做一些复杂的、代替人的体力劳动，这是第一代机器人。第二代是自适应的机器人，它能够自主地做一些事情。未来的，我们称之为智能机器人。这种机器人能够处理很多事情，还具有自主学习的能力，人们不用告诉它怎么办，它下一步都知道该怎么办，能够充分地理解你的想法。目前人和人之间的交互、交流、理解还不全面，你心里想的要做什么事情，不是每个人对你的理解都那么贴合的，如何使机器人对你的理解更加贴合实际，还需要大量的研究。

一系列的组合优化问题。所谓组合优化，就是一些生产调度，如物流、智能交通等。怎么针对一些特定问题规划出最佳的解决方案，就是组合优化的问题。

人工神经网络。深度学习就是神经网络的进一步发展。大脑是由许许多多的神经元组成的，人工神经网络就是模拟大脑的思维过程。一些分布式的人工智能，还有多智能体，代表了人工智能的各个领域、各个方向，都有不同的人员、不同的机构在进行研究。比如在自动化领域一些智能的控制、和机器人相关的智能控制、自身用的算法和控制等，这些都属于智能的控制，其中包括专家智能控制、神经网络控制等。

关于一些智能的仿真技术，包括在工业领域所开发的各种各样的仿真软件、智能辅助设计、自动的图像采集、设计的自动化等，这些全是智能CAD技术。还有智能的CEI技术，即把专门的知识、教导的策略、学生的模型等形成一个智能的接口，能自动生成各种问题，供学生练习，也能理解学生的问题并自动开展教学。智能的CEI能够通过学生的回答去评判学生应得的成绩，而不是基于死的选择题给予评价。此外，还有智能的管理、智能的决策等许许多多的决策系统，目前最重要的就是人机混合决策，还有多人混合决策，这实际上指的是智能的技术。

一个人的能力和知识水平是有限的，你对一个事物、一个问题作出判断和决策，必然是基于自己的知识和理解。基于你自己，也许你有自己的私心。但如果是多人决策，而且是用计算机系统辅助决策，人机融合，这就意味着有些决策是计算机作出的，有些决策是人作出的。我们把人的决策和机器的决策，通过适当的分配权重和比例，最后可以给出更加优化的决策。因为不同的人有不同的知识面，对同一件事的看法也不尽相同，所以多人多智慧。此外，还有人机混合决策系统、管理系统等。

智能多媒体系统，主要是指图像、影视、影音。还有智能操作系统，现在的操作系统还没有那么智能，我们未来可以开发智能操作系统，对着各种各样的程序，我们只要说一句话，就能够对这个系统进行智能操作。智能计算机系统、智能的通信，还有人工脑等人工生命，涉及人工的仿生学、免疫学和一系列进化的理论等。

扎克伯格和马斯克，他们对人工智能未来的发展，都有自己一系列的观点。扎克伯格认为人类制造机器，就是为了让机器在某些方面强于人类。但是机器在某些方面强于人类，并不意味着这个机器具有学习其他方面的能力，或者说它只是可以将不同的信息联合起来做超越人类可做的事情。这一点非常重要，就是联合一些信息做出一些超越人类可做的事情，而绝不是整体超越人类。

马斯克认为只要智能技术不断地发展，人类就会在智力上远远落后，最终成为人工智能的宠物。但马斯克对智能技术的发展持十分乐观的态度。

人脑和机器的高度融合，我们称之为人造大脑。即使一个人没有头部，没有大脑，我们也可以给他一个人工的大脑。对于重症患者，我们可以为他做一些硬件，将机器脑像人脑一样安装到患者身上，指挥肢体的动作。这便是人造大脑与身体的高度融合，这些可能是未来智能技术发展的最高境界。

二、大脑的奥秘与脑电

第一部分关于人工智能的定义，给大家做了一些科普。第二部分我们来看一下大脑的奥秘与脑电，后面很多是与本人的科学研究密切相关的。人工智能怎么和大脑密切相关——就是让它模拟大脑作出各种判断和识别。

成年人的大脑重量大约是 1.4 千克，内部软硬程度和面包差不多，它的颜色和形状像核桃。对于这样的大脑，我们把它分成了许许多多的区间和沟回，每一个区域负责支配人类不同的部位，实现不同的功能。由于大脑被分成这么多不同的区间和沟回，所以大脑任何一个地方受到损伤之后，身体便可能有一个功能受到损伤，有可能这个人就不能动了，或者是半边瘫痪了，或者是全身瘫痪了，或者是变傻了，没有认知能力了，不能吃饭了，不能说话了。以上症状均表明是特定的大脑区域受到了损伤。

大脑是分区管理的，不同的区域有不同的功能。后脑勺有枕部区域，是人的视觉区。有些人的眼睛不好，或者眼睛看不见了，很多是因为大脑后面受到了损伤。听觉有问题，可能是大脑听觉区域受损。有些人能够听懂，但是不会写，也不能写字，这就和书写中枢有关。大脑每一个区域是和人类各种疾病密切相关的，包括抑郁症、强迫症、情绪障碍、压力失控、注意力缺陷、记忆衰退、语言障碍、阅读障碍等。失语有很多不同的种类，如运动性失语、感觉性失语、流畅性失语，都是因为大脑特定区域有问题。

大脑是怎么把一系列的信号输送到肢体的？大脑是什么？大脑是由众多细胞组成的，一个成年人的大脑有上千亿神经细胞，细胞里又有各种化学物质，包括各种正离子、负离子等。

我们的大脑里有很多神经纤维，它们使得细胞与细胞之间密切地连接起来，像一棵树一样有根有枝连接在一起，树从根部吸收水分，传输到叶部。对细胞体也是一样，信号也是一级一级进行一系列的传输，这是大脑细胞信息的传递过程。

应该说大脑内部的电压也是比较高的，电荷是有的。当电荷到达大脑皮层之后，这个电位就低了，情况相当于一个信号穿过层层围墙之后到达外面，信号会变弱。我们在这里说话，隔着一堵墙，墙外听话声音就很小了。这个也一样，信号穿过颅骨之后到达表层，便非常微弱了。

我们做各种事情，例如我们想一件事情，做一个数学的计算，大脑特定区域的神经元便会受到一定的执行任务活动的指示的刺激，它的电子会发生一定的转移，会从一个部位转移到另外一个部位，这实际上就是细胞内离子的重新布局和运动。

脑内细胞的一系列放电，穿过头骨，最后到达头皮和皮层，形成一个微弱的电信号，我们叫作脑电。脑电长什么样子？脑电看起来是非常杂乱无章的信号，因为这个电波太微弱了。我们的肌肉也会产生电，它是我们生物体自己产生的电。

从目前的使用上来讲，头皮的脑电波是应用最为广泛的。所以说，对神经元动作电位和皮层电位的研究主要集中于动物，而头皮电位的采集是对人体没有任何损伤的。

我们目前对脑电信号的采集，主要是通过在大脑的表面布置特定的点，或者叫特定的通道，让人戴着特定的电极帽来采集相关的信号。通过这个设备获取信号，最终放到计算机上进行人工智能分析。我们把一个个点、一个个圆圈，叫作一个个通道。

现有的各种各样的脑电采集设备，是通过让人戴一个像帽子一样的东西，保证这根电极和头皮进行可靠的接触，接触了之后，电信号通过这根电极，通过非常高精度的放大器传输给电脑，传输给电脑之后，这么多的通道信号就可供计算机分析了。不同厂家做出的脑电帽也是不一样的。这项技术还在不断地发展。

过去的放大器很大，目前的放大器的大小大概是手机的一半。这么小的放大器，就能够把脑电信号放大。因为脑电波非常微弱，所以需要放大上百万倍后传输给计算机。另外，脑电信号的采集还有军事方面的应用。美国研究出来的一种脑电帽，富有弹性，套在头上之后就像安全帽一样，只要戴上，信号就采集传输给计算机了。

我们把这些信号采集进来之后，可以在计算机上看到一些波形图。脑电信号依据频率和幅值的不同而变化，形成波形图，幅值主要在几十微幅到上百微幅之间。脑电是大脑内部诸多细胞的综合反应，穿过“墙壁”到达大脑的皮层，也即这不是一个细胞在放电，而是很多细胞放电的综合结果。

当然人一旦死亡，脑电活动也会停止，因此也有人研究把脑电作为死亡的标志。脑电频率大概在 40 赫兹以内，数值比较低。根据 0—40 赫兹的频率不同，分了不同的范围。比如 0.5—4 赫兹的慢波，其与人类的睡眠和疲劳程度有关。脑电频率还有 4—8 赫兹的，还有一些频率比较高的。应该说每一种波都和人类健康的程度及其正在做的活动密切相关。

三、人工智能与脑的结合

老师和家长对自己学生或孩子的注意力集中情况非常关注，他们想知道孩子们的注意力集中情况是怎么样的。这可以通过给孩子们戴上监测设备，或后天训练，来帮助他们集中注意力。所以对脑电的利用不仅可以得到一个监测系统，还可以得到一个调控系统。

人工智能是和脑科学密切相关的，人工智能和脑科学研究的结合（脑机接口),就是我们本身在做的研究。计算机就是刚才说的人工智能,人工智能指的是机器智能,生物智能指的是人类的智能,如何把人类的智能与机器的智能结合起来,就是所谓的脑机结合。

脑机接口是脑科学和人工智能相结合的产物,这个概念是比较新的,1973 年才产生。当时受硬件的限制,采集到的脑电信号十分微弱,于是促进了放大技术的不断发展,尤其是从 2002 年到 2012 年这段时间发展比较迅速。最近十几年的时间,大家对脑机接口这个概念听得比较多。我们研究组是从 2003 年开始进行这方面研究的。

如果人的神经肌肉受损伤了,大脑的电信号就无法在这个通路上传输,能不能把大脑的电信号用脑电帽采集出来,通过人工智能的方法分析处理,直接对肢体和设备进行控制,对机械臂进行控制,就是脑机接口要解决的问题和实现的功能。其最初的定义是,一种不依赖于正常输出通路的脑机通信系统。这里的"脑"就是大脑,这里的"机"从狭义上来讲就是计算机,从广义上来讲是指所有的电子设备。在大脑和机器之间起桥梁作用的一种接口,就叫作脑机接口。

(讲座时间:2018 年 10 月;成稿时间:2021 年 4 月)

杨帮华,上海大学机电工程与自动化学院、医学院双聘教授,博士生导师。入选上海市浦江人才计划,上海市五一劳动奖章获得者。专业:模式识别与智能系统。主要研究领域:脑机接口,主要包括运动想象脑波意念解码、虚拟现实/增强现实技术、脑电采集技术、神经调控技术等。连续 20 年长期从事脑机接口研究,提出了多种运动想象脑电解码算法,发表学术论文 110 余篇,已获发明专利 10 多项,编写著作 2 部,应邀在国内及国际会议做过 40 多次学术报告。

海洋无人艇技术及其应用

杨　扬

当下的中国拥有人类历史上规模最大、体系最完整和学习能力最强的工业。但是理想很丰满，现实很骨感。就拿我们自己做机器人研发的例子来看，我们用的是瑞士的电机、日本的传动件、美国的控制系统，把它们组合起来，我们说这个机器人是中国的。在刚刚起步阶段，这个是可以理解的。任何一个国家在刚刚起步的时候都是先模仿，然后再超越。美国模仿英国，日本模仿美国，中国是美国、英国一起模仿。改革开放40多年来，我们的制造业有了突破式发展，但是绝大多数产品都集中在低端或者中低端。工信部领导曾经说过，“中国制造”不像我们想象的那么强大，西方工业也没有衰退到依赖中国。我们的制造业还没有升级，但制造业者却已开始撤离。

在这样一个大的背景下，“中国制造2025”应运而生，而作为核心领域的人工智能和机器人近年来备受关注。接下来我给大家介绍一下智能无人系统的一些基本概念。大家知道我们上海大学做的水面无人艇，也是一类典型的智能无人系统。

智能，简单讲就是个体认识客观事物和运用知识解决问题的能力，具有如下几个特征：

第一，感知与认识客观事物、客观世界与自我的能力。

第二，通过学习取得经验，积累知识的能力。

第三，理解知识，运用知识和运用经验分析问题与解决问题的能力。

第四，联想、推理、判断、决策的能力。

第五，运用语言进行抽象概括的能力。

第六，发现、发明、创造、创新的能力。

第七，实时地、迅速地、合理地应付复杂环境的能力。

第八，预测洞察事物发展变化的能力。

综合来看，智能包含两点内容：一是知识，所谓知识是一切智能行为的基础。二是智力，智力是运用知识解决实际问题的能力。我们近年来的人工智能之所以发展得这么好，很大程度得益于信息技术的发展，我们有了充足的数据库之后，才可以把人工智能发展起来。

人工智能的元年是 1956 年。当时一群杰出的科学家在美国达特茅斯召开研讨会，研讨如何利用机器模拟人的智能。这次会议第一次提出了人工智能的概念。

在 60 年之后的 2016 年，这些人已白发苍苍，他们又相聚达特茅斯来纪念该次盛会。大家可以看到，这些人都已经成为人工智能领域各个分支当中的领军人物。

大家来看人工智能的发展简史，其实在提出“人工智能”这个概念之后，很快冲到一个高点。经过三起三落，直到 2016 年一个标志性的事件——AlphaGo 战胜了李世石，人工智能再一次引起人们的广泛关注。

在那场比赛之前，学术界的争论还比较多，到底 AlphaGo 能赢，还是李世石能赢，学术界没有一个统一的结论。但是最后大家看到结果 4 比 1。

第二次是 2017 年的时候，柯洁跟 AlphaGo 又打了一次。在那场比赛之前基本上大家在学术界和产业界已经达成共识了，人类是绝对不可能再战胜 AlphaGo 了。这标志着人工智能又进入了一个新的高点。

所以2016年对人工智能来说是非常重要的一年。这一年人工智能领域的融资突破50亿美元,比2015年增长了60%。2016年9月,谷歌、IBM、脸书、亚马逊、微软等宣布成立人工智能联盟。

与人工智能不同,机器人这个概念最早出自捷克作家卡佩克,1920年他写了一个剧本叫《罗萨母的万能机器人》,这个剧本里面讲的就是罗萨母的公司生产了一批产品,这批产品帮助人们做不喜欢做或者有危险的事情。当时这个产品的名称叫罗伯特,在捷克语里面是苦力、奴隶的意思。所以从那个时候开始人们用robot来指代机器人。

后来机器人大概经历了三代:20世纪40年代,美国阿尔贡研究所研制出第一台遥控机器人。它是一台机械臂,被用在核环境里,人们通过遥控器控制它运动。50年代,乔治·沃尔德研究了第一台可编程的机器人,这个也是工业机器人的鼻祖。60年代,美国的斯坦福研究所研制了一个智能机器人。它搭载了更多的传感器,能够感知外界的环境,是一个移动机器人。它拉开了智能机器人发展的序幕。大家有没有发现,机器人的发展基本上是一路顺风顺水,没有遇到太大的坎坷,而人工智能的发展却是一波三折。

我们希望人工智能干什么?它能帮助我们看,帮助我们听,帮助我们去对话。把它搭载在一个载体上,可提高这个载体的性能,像机器人、自动驾驶汽车、无人机等。在这里我们引出一个智能无人系统的概念,可以说智能无人系统是人工智能下面很重要的分支。

智能无人系统可以分成两部分:第一部分是智能,第二部分是无人系统。智能决定了无人系统的等级。智能的发展,很大程度取决于计算机的性能。20世纪90年代之前,我们讲的智能更多是计算智能,利用的是计算机强大的存储和运算资源。我们开发的工业机械臂等,这些运用的都是计算智能。

工业机械臂具有高速、重载、高精度等特点。无论开灯关灯,它都能照样工作。但是它有一个最大的问题就是容错能力差。大家可以看看机械化的工厂，机械臂从一个工位到另一个工位，如果东西稍微偏一点，是不是有的时候就找不到了？所以说容错能力不理想。

后来发展到了感知智能，就是给机器人安上“眼睛”和“耳朵”，让它能够去感受外在的一些环境，并且作出一定的判断。这个是现在研究的热点。

最后是认知智能。认知智能已经开始被研究，未来是一个很重要的发展方向。认知智能要求对知识进行组织、整理、灵活运用、联想、推理等，使机器人真正达到会思考的水平。

大家可以看到智能决定了无人系统的等级，而无人系统则是智能的载体。现在研究的无人车、无人机，包括上海大学的无人艇，还有无人空间站和机器人等，这些用的都是无人系统。

将来如果有人要做智能无人系统方面的研究或者经营相关企业，可以往两个轴上发展：第一个轴是无人系统范围的扩大和性能的提高；第二个轴就是智能等级的提高。

接下来我想举几个简单的例子给大家看一下，人工智能和一些技术结合在一起的时候，会焕发出什么样的活力。大家看我们传统的图像识别，不知道大家有没有做图像识别的？咱们原来的图像识别是怎么做的？大概五年或者十年之前，我们用图像识别这是一只猫还是一只狗是怎么做的？现在怎么识别猫呢？就是一个圆上面两个尖尖的耳朵，两个圆圆的眼睛，我们就认为它是猫。但是很多情况下，大家知道这个猫的状态并不是理想的，就像人们拍照的时候不是总正对着摄像机，有的时候会被一些物体遮挡，或者有的猫是侧个脸或者伸个懒腰等。

李飞飞是研究人工智能和图像识别非常牛的华人专家。他建立了一个数据库，把全世界海量跟猫相关的图片全部放到这个数据库，不断训练其识别能力。在这样的智能识别技术下，再给它一张图片，它就可以轻松识别图片上是不是一只猫。大家有没有发现，我们的眼睛是天然的照相机，我们在成长的过程中每天都在拍照，然后把这些照片存储到大脑里面，当有人告诉你这是一只猫的时候，你会慢慢地把你存储的照片和这些知识关联在一起。

关于人工智能+汽车。其实汽车最早在20世纪初就产生了。在21世纪初，谷歌研究了无人驾驶汽车。专家预测，20多年后75%的汽车都会变成无人驾驶汽车，这基本上还是一个比较可靠的数据。在更遥远的未来，大家想象一下，如果有一天当你离开家需要一辆车的时候，它就会自动来接你，把你送到目的地，你下了车之后它自己就走了，那个时候你还需要自己再买一辆汽车吗？可能很多人都不会再需要一辆汽车。这就会导致汽车的数量大幅减少，“停车难”将成为历史，环境污染将大幅度减少，交通也不再拥挤不堪。

关于人工智能+无人机。大家可以猜到，无人机最早是用在军事领域的。近些年来，大家有没有发现在某一个阶段突然间无人机变得特别火？它做得特别成功的就是像家用的电脑一样，让无人机的价格降到大部分家庭都可以接受。全世界每十架无人机，有九架来自中国，有七架来自大疆，这是现在的比例。

无人机的用途，其实比无人车还要广，最经典的一个用途就是送快递，包括送外卖。亚马逊提出一架无人机30分钟便可把包裹送到客户家里。我个人觉得这在技术上没有太大的问题了。现在智能物流也是比较大的发展方向。

以上我们介绍了智能无人系统在技术层面上的发展，但这是远远不够的，伦理和法律同样是制约智能无人系统发展的一个重要部分。

2018年，中国工程院立项了一个重大战略咨询项目，由西北工业大学徐德民院士牵头，下分五个子课题，我们上海大学承担了第一个课题，叫智能无人系统的社会属性与法律规范，研究的就是法律伦理的问题。

2018年3月,Uber自动驾驶汽车在美国亚利桑那州公路上路测的时候,撞死了一名49岁的妇女,这是世界上首起自动驾驶汽车在公共路上撞击行人并致死的事件。这件事情发生之后,整个亚利桑那州叫停了所有自动驾驶汽车的研发。

这就引出一个很值得思考的问题:无人驾驶汽车一旦发生交通事故,责任由谁来承担?是驾驶员来承担吗?我们现在整体的责任体系是围绕驾驶员来展开的,但是无人驾驶汽车没有驾驶员,它撞了人之后责任应该由谁来承担?如果由企业来承担,你是生产企业,你还会不会再生产无人驾驶汽车?保险公司愿意给无人驾驶汽车投保吗?

无人驾驶汽车冲击了传统的责任体系,让很多传统的责任变得难以界定。之所以把这个案例拿出来给大家讲,是希望我们做技术的人员要关注这件事情。技术做得再好,如果国家立法跟不上的话,无人驾驶汽车依然是没有办法推广的。

大家如果有从事无人驾驶汽车或者无人机这方面的研究会发现,国家虽然很关注这些技术的发展,但是在立法工作上却滞后了很多。人类有一个很有趣的现象,就是我们对自己的容忍度,要远远大于对技术的容忍度。有人驾驶汽车,每天都会发生许多起交通事故,但是一旦有一起自动驾驶汽车撞人事件发生,很多东西就会被叫停。

接下来,我给大家介绍一下上海大学在水面无人艇研制过程中做了哪些工作。地理课本我们都学习过,我们国家幅员辽阔,地大物博,有960多万平方公里的陆地面积。那么我们国家有多少领海面积?大概有470万平方公里。也就是说,我们国家大概有三分之二是陆地,三分之一是海洋。

大家可以看到东部沿海是长长的曲折海岸线,我们的祖先是农耕民族,而农耕民族最大的特点就是安土重迁——我们自己精心耕作这片地,你不来打扰我,我也不来打扰你。所以我们对土地的眷恋,远远大于对海洋的眷恋。自古以来我们的海岸线,对我们的祖先来讲是天然的屏障。

但是随着航海技术的发展,对于很多具有探险精神的民族来讲,海洋是资源宝库,是未来,是希望。大家会发现,近代以来我们国家受到的绝大多数的侵略都是来自海上的。我们的海上邻国,绝大多数跟我们都有领海和岛屿争议。

由此可知我们需要一种具有自主导航、自主避障能力,并可以自主完成海面海下环境信息感知、目标探测及各种作业任务的水面无人平台,这便是海洋无人艇。

美国从2007年开始相继发布了几个规划,包括《海军无人水面艇主计划》(2007)、《无人系统路线图》(2013)、《21世纪海上力量合作战略》(2015)等。无人艇是可以改变海上游戏规则的颠覆性技术,美国在《海军无人水面艇主计划》中提出了七大作战使命:反水雷战、反潜作战、海上安全、水面作战、支持特种部队作战、电子战、支持海上拦截作战。

无人艇不仅在军方应用的前景是非常广泛的,在民用领域也有巨大的应用价值。我们中国大概有32 000公里的海岸线和岛礁岸线,其中很大部分的海图我们并不清楚。大家能不能猜到这是为什么?为什么不好测?大家看传统的人工测量小船,效率很低,还有一些条件好的,像钱学森号测量船,吃水深度是5米,但在近岸很容易搁浅,所以就需要无人艇。因为无人艇上面没有跟人相关的驾驶舱,所以可以做得很小,做得很轻。我们的精海一号无人艇吃水深度大概只有0.4米,所以能够自主测量岛礁海域。

水面无人艇进行近岸岛礁测绘的时候有这么几个大的挑战:

第一,海上的涡流暗涌特别多,在这种复杂的海洋环境下,如何才能控制无人艇精确地走一条直线?

第二,在某些情况下无人艇会遇到很多不确定的静态或者动态目标。静态目标一般有岛、礁,还有动态目标,比如突然间出现一条船。那么遇到这些静态和动态的目标，怎么能够避开？

第三，大家知道无人艇是没有人的，一般工作的时候无人艇是搭载在母船上的，到工作的海域放下去，放的过程是容易的。但是小船上没有人，我们该怎么把它收回来？这是无人艇能否成功应用的关键。

精海一号无人艇没有驾驶舱，所有的控制系统和感知系统都做在船的“肚子”里。它分成三大块：第一大块是用于航线的控制，相当于船的大脑。这里面有智能顶层控制箱，还有底层控制器和 GPS。第二大块是任务载荷，用于探测海底的地形地貌。第三大块就是雷达、激光、视觉、超声这些位感设备，用这些去感知外部的危险，当感知到危险障碍的时候，做出一个判断，然后来调整姿态。

在这里，我把核心技术用比较通俗的语言给大家解释一下：

第一点关键技术是高精度的航迹精准跟踪。所谓航迹就是在海上航行的一条轨迹。比如我从这个地方到那个地方，可以规划各种各样不同的路径。在规划好路径之后，怎么严格地按照这个路径去走，这就是要研究的。大家有没有发现，其实在海上有一个最大的问题，就是干扰的不确定，包括浪涌的方向和大小都是不确定的。

如果我按一个小的扰动来设置这个控制参数，遇到大的扰动就没有办法抵御。如果我按一个特别大的扰动来设置这个参数，那么即便有一个小的扰动，它也会变得特别灵敏——就会有这样的问题。这个时候就需要把扰动分级，分别用不同程度的扰动去测这个艇的变化，然后提出一套控制参数。

我们实际测量无人艇的航迹误差是小于 2 米，比传统技术提升大概 60%。我们的无人艇在海上航行时，因为周围的浪的影响，船艏不断变化。但是不管这个船艏怎么变化，我们总能够控制它，使它精确地沿着航迹行进。

在低速、中速、高速三种不同的情况下，我们看最大的误差。在海上是低速难控制还是高速难控制？低速难控制。在低速的时候最大的误差是在 2 米；中速速度稍微提高一点，误差在 1.9 米；在高速时误差大概是 1.35 米。也就是说，进入中速的时候整个误差在减小，进入高速的时候误差变得更小。

第二点关键技术就是立体组合避障。我认为避障最难的是两点：一是要精准地识别什么是障碍。给大家举一个例子，在海上拍到的浪和障碍物的图像经过二值化处理后是很难区分的，所以你怎么判别这是一个浪，还是一个真实的障碍物，这是一个识别的问题。二是当我们识别出来这些障碍的时候，怎么能够划出一个区域来，告诉我们这个区域是不能过的，或者说一定要绕过危险区域。

首先是我们怎么识别真实目标和虚假目标。我们以很短的时间连续拍照片，拍完照片之后，可以发现，如果是浪这样的虚假目标的话，在一系列照片的时间或者空间上是不连续的。随着时间的推移，可能这一秒在，下个五秒之后就没有了。但如果是一个真实的岛礁，时间和空间是连续的，每张照片中都应该是存在的。通过这样的简单方法，我们可以识别哪个是真实目标，哪个是虚假障碍。

其次是避碰的问题。避碰要考虑的问题有这么几个：一是要根据船的速度预判在未来一段时间内哪段区域是比较危险的。二是要根据障碍物的形状预判哪一个时间是危险的。三是海事规则，比如我们在陆地上开车的时候，转弯要让直行，在海上也有这样一系列的规则。我们把这些规则综合起来，就形成了一个区域。

我们再来看实际岛礁避碰的实验结果。面对一个真实的岛礁——静态目标的时候，能够转弯，然后把它避开。这个就比较有特点了，这个是动态的忽然出现的目标。所有的操作过程当中是没有人参与的，完全是自主决策做出动作。忽然间出现一个障碍之后，无人艇可以立刻做出避让，然后回过来，再回到原来预设的航迹继续往前走。

第三点关键技术是仿生云台的控制。大家都坐过过山车，当过山车颠得特别厉害的时候，眼睛还能看清楚吗？所以传感器最怕的就是不稳。人眼已经很牛了，在一般的活动中人眼还是稳的。这里面有一套仿生眼的控制机理。我们通过这个仿生眼的机理，做了一个仿生云台。这个云台是让船不管怎么颠，始终保证前面搭载的传感器是稳的，这样就可以精准地看到外面的目标。

我们做的三维平台，里面就是仿生眼。我们做了一个比较，如果传统的方法最大的误差是 2.9 左右，那么仿生眼的误差大概能降到一半，这个是根据实际的传感器测量的。

第四点关键技术是精准拼接测绘图。大家会发现我们搭载的声呐，其探测的范围是有限的，船往前走的时候，声呐测出来是一幅一幅的图，这些图肯定不可能单纯地拼接在一起。这些图和图之间，实际上是有一些交叠的。利用这些交叠的信息，然后再利用无人艇或者传感器的位置信息，把这些图片有机地拼接在一起。

接下来，给大家介绍一下无人艇几个典型的应用。2018 年 1 月 6 日，长江口外海域，一艘油船和一艘散货船意外相撞，油船“桑吉”轮随即起火燃烧并且持续剧烈燃爆，海面上火光、毒烟和油污四处弥漫。运载十几万吨凝析油的油轮起火爆燃，且事故地点风大浪急，又远离海岸，在世界航运史上都没发生过类似的事故。

碰撞事故发生伊始，国家有关部门便迅速组织力量赶往事故现场进行救援，同时各部门通力协作，组成海洋环境监测工作组，持续开展天—空—海立体监视监测，及时掌握污染分布、漂移路径、影响范围，科学评估事故对海洋生态环境的影响。

在这次史无前例的国际大救援中，国家海洋局东海分局与上海大学共同研制的全海域海上作业测绘无人艇——精海三号立下奇功。该艇随“向阳红 19”船进入事故船舶沉没海域开展监视监测作业，在克服了事故海域离岸较远、海况复杂、现场风浪较大、作业条件恶劣等困难后，精海三号成功确定了沉船位置，及时完成现场自动采样工作，为事故后续处置及评估海底地形地貌状况、查找溢油点、估算溢油源强及配合沉船打捞等工作提供了珍贵的第一手资料。

时间紧迫，刻不容缓。接到紧急任务后，无人艇团队立刻集结一切力量，连夜进行设备加载与调试，于 2018 年 1 月 15 日清晨即奔赴事故海域。

出征的精海三号无人艇搭载了浅层剖面仪、多波束探测系统、侧扫声呐系统、流速剖面仪、高精度惯导系统、差分 GPS 系统等仪器设备，具有测量、自动布放回收等功能，此前已在东海岛礁群、南海等危险水域执行过多次任务。针对这次的船舶碰撞溢油事故，又临时加装了五个站位的水质自动采样系统。

2018 年 1 月 18 日 8:30，“向阳红 19”船成功布放无人艇进行作业。无人艇实时传回多波束图像中发现疑似遇难船，并于 9:06 成功确定沉船位置。随后，无人艇在沉船正上方及四周利用自动采样系统，在完成溢油应急水质自动采样作业后自主返航。

（讲座时间：2018 年 10 月；成稿时间：2021 年 4 月）

杨扬，上海大学机电工程与自动化学院副教授，博士生导师。上海高校青年东方学者，入选上海市青年科技英才扬帆计划。专业：机械电子工程。主要研究领域：智能与自主机器人，主要包括海洋无人艇技术、移动机器人技术等。发表学术论文 40 余篇，获得 2017 年上海市技术发明一等奖，多次获得 IEEE 等国际会议最佳论文奖及提名奖。注重机器人实物制作与技术实现，具有丰富的实用化机器人开发经验。

面向航空航天工业的移动工业机器人关键技术与系统应用

郭　帅

目前，国家大力推进“工业 4.0”“中国制造 2025”等国家发展战略。在这种新趋势下，工业机器人得到了极大的发展。航空航天部品因其尺寸较大、结构较为复杂等特点，采用传统固定式制造系统并不经济。移动机器人的出现，将机器人与自动导引运输车结合起来，拓展了机器人的加工区域；机器人自由度的增加，使得机器人末端可实现复杂轨迹的规划，从而可以加工结构较复杂的零件。

传统工业机器人能够有效提高产品质量、节约劳动力、降低制造成本、升级生产模式，这已经成为制造企业的共识。然而，航空航天大尺度产品在制造过程中通常不便移动，采用专用固定基座工业机器人的解决方案并不经济，因此移动式工业机器人成为新途径。与传统工业机器人相比，同一台移动式工业机器人可以在多个不同的位置上完成同样的作业任务，所需的编程时间较短，能够提高机器人的工作效率和柔性。移动机器人的这些优势，促进其在航空航天制造领域的广泛应用，因此本文的主题是“面向航空航天工业的移动机器人关键技术与系统应用”。将移动机器人应用于航空航天领域，对提高我国航空制造的效率、加工质量具有重大意义。

首先，全球机器人四大家族，主要包括日本的安川电机（YASKAWA）、发那科（FANUC），德国的库卡（KUKA）和瑞士的 ABB，其平均无故障时间（MTBF）基本为 80 000 小时。而国内机器人的平均无故障时间仅为 8 000 小时，且大部分国内工业机器人应用在马桶喷釉、搬运物料等基础领域。

针对航空航天制造业，大量的部品的生产装配依然依靠人工，其整体生产装配工序能力仍存在严重的不足。一方面是因为航空航天工业的制造工艺较为复杂；另一方面航空航天领域的零部件均为定制件，造价高昂，制造周期长。虽然已有机械型架等加工工艺进行人工调整、人工定位装卡、人工扩孔、人工铆接，但其生产效率和质量的稳定性都较低，从而造成产量速度过慢等现象。同时，存在手工作业劳动强度大、生产效率低、装配精度差、质量不稳定等缺点，采用移动机器人自动生产装配能够大大提高效率并能节约装配成本，改善工作条件，不仅有效确保装配质量，而且大大减少人为因素造成的缺陷。

为完成航空航天部件加工过程，首要任务是确定加工对象和加工主体之间的相对位置和精度。在机器人加工装配部件时，如存在加工位置误差较大或精度不足，则表现为机器人不能准确完成零件加工装配。因此，基座标定相较于零件整体生产加工难度更高，影响机器人完成航空航天各种组件的生产和装配。为精确获取机器人自身和工件之间的相对位置，可采用以下两种方案：第一种方案是在机器人外部安置激光跟踪仪传感器，如 3D 动作捕捉系统，通过多台激光跟踪仪配合使用获取机器人和钻铆工件的相对位置关系，但激光跟踪仪捕捉范围有限，且代价昂贵；第二种方案是在机器人移动平台上安置激光扫描仪传感器，通过传感器当前坐标扫描测量工件的位置坐标，然而这种方案不能用于实际生产。

铆接装配是航空航天制造领域应用最为广泛的连接形式，在飞机、火箭装配中占有十分重要的地位。其中，铆接工艺需完成钻孔、插入铆钉、顶住铆钉、镦紧镦粗成型等加工过程。事先在飞机上画线，标记铆钉的固定位置，再根据画线位置进行钻孔。由于飞机机身属于薄壁件，易发生变形，因此在钻孔过程中需在对应钻孔处反方向顶住飞机机身，防止其变形。同时，铆接钻孔需具有较高的精度，任何尺寸偏差都将导致机身铆接的失败。目前，航空钻铆的方式为人工铆接，通过气铆枪将铆钉打入孔中，对飞机部件产生较大的冲击振动。同时飞机上的铆钉多达 30 000—40 000 个，属于最耗时、最花成本的加工工序。另外，面对火箭的加工、飞机的喷漆等任务，机器人可有效完成重复性工作，相较人工操作具有绝佳的优势，将手工钻铆转化为自动化操作，实现各种组件钻铆自动化和数字化发展。

随着机器人应用的不断发展，自动化钻铆技术也逐步深入发展。一是以不同航空器的结构为对象，发展多种型号的数控自动钻铆系统，不仅实现铆接壁板，还可铆接各种组件，从而使自动钻铆的工作覆盖面大幅度增加，使铆接工作有了较大改观。二是采用自动钻铆工艺可连续在一台设备上一次性完成夹紧、钻孔、注胶、放铆、铣平等工序，这使铆钉镦头的高度保持一致，不受人为因素的影响，钉杆在孔中充填质量大为改善，从而提高细节疲劳强度许用值。三是应用脱机编程系统使得飞机各组件的数模通过脱机编程系统生成数控铆接程序，实现各种组件的铆接数字化，对实现飞机制造数字化具有重大意义。

然而，机器人尚未在航空航天领域得到广泛应用，这与航空航天领域的制造特点息息相关。首先，航空件尺寸较大，结构复杂，多为小批量生产；其次，工业机器人普遍额定负载为 20 千克，航空件加工机器人要求额定负载为 1 000 千克，该类机器人需额外定制。此外，大部分航空件为复合材料，复合材料的加工不同于传统材料加工，其要求动作柔性好、可扩展性强，而这种零件加工要求和机器人刚性的特点相矛盾。因此，机器人难以迈入航空航天领域，即使在国外机器人也仅仅应用于飞机后翼的加工。

庞巴迪公司致力于小型飞机的加工，不同于大型飞机，小型飞机需求量较大，为解决传统飞机加工中存在的生产效率较低等问题，庞巴迪借助移动平台，扩展了传统机器人的加工区域，这种加工制造模式为面向飞机组件的移动式制造奠定了重要基础。

美国西南研究院借助移动机器人，实现了对军用飞机的测量。机器人平台在移动的过程中，用机械手扫描整个飞机轮廓曲线，完成飞机尺寸的测量。其结构类似于三坐标测量仪，为获取较高的测试精度，要求机器人在平台移动过程中，保持较高的移动精度。

美国 Electroimpact 公司设计了一套机器人自动钻削系统（ONCE），用于波音 F/A－18E/F 的机翼后缘襟翼的钻孔和测量紧固孔。通过提高位置精度、荷载和刚度，并配备伺服控制的多功能末端执行器（MFEE），可实现 ONCE（One-sided Cell End effector）机器人自动钻削系统加工的孔位置精度为±0.06 毫米。此外，Electroimpact 移动机器人系统由一个刚性平台、Y－Sled、具有二次反馈功能的精确机器人、末端执行器、用于地面索引的同步相机、自动换刀器、紧固件进给系统、运动系统等组成。移动机器人装配在全向旋转脚轮或空气轮上，并且机器人系统由电动拖车进行移动。

瑞典 Novator 公司开发 Orbital End Effector－D100 机器人轨道制孔系统，这套系统旨在集成机器人和台架，可以钻圆柱孔和其他较为复合材料的沉孔。其系统具有动态调节偏移量，可编程进给速度、轨道速度和主轴转速，自动换刀及压脚定位等多种功能。其最大钻孔深度为 100 毫米，最大钻孔直径为 25 毫米。德国 KUKA 公司研发的 OmniMove 轮式移动机器人系统，已经用于空客飞机引擎的更换，其精度可达毫米级。

上海大学在第 17 届中国国际工业博览会上展示了一台全向移动机器人样机。其在横向移动的同时，绘制了上海陆家嘴（东方明珠、金茂大厦等)等的外形特征轮廓,这实现了移动机器人边移动边绘制等功能技术。

通过对火箭钻铆特点的分析,全向移动机器人可按照以下工作方式进行自动钻铆任务。通过全向移动系统移动,激光传感器反馈其位置坐标到控制系统,控制系统根据激光传感器初定位系统反馈位置坐标,控制全向移动系统移动到初始位置。全向移动系统移动到初始位置后,视觉精定位系统通过视觉标定对全向移动系统进行精确定位,使其移动到加工工位。全向移动系统到达加工工位后,末端执行器定位系统扫描火箭蒙皮曲面确定钻孔的孔位信息,并将孔位信息发送到控制系统。控制系统发送指令控制机器人系统,使末端执行器延火箭蒙皮曲面的法向方向进行加工。

此外,全向移动机器人涉及以下相关的关键技术:一是机器人系统。考虑火箭蒙皮柔性钻铆时,机器人末端执行器需要延火箭蒙皮曲面法向进行钻铆,采用多自由度机器人能够实现航空航天部件的加工姿态。同时,每个型号的机器人都有其工作空间,机器人工作空间的定义为操作臂末端参考点所能达到的空间点的总集合,其中操作臂末端参考点即预定的工作位置。机器人工作空间也是控制机器人运动的重要指标,研究机器人工作空间可以保证机器人能够完成相应的工作,否则可能出现设计不达标等问题。因此,在选择机器人时,必须考虑其运动空间。二是移动平台。理想状态下,为实现单轨道上机器人平台的高精度移动,不仅对导轨精度要求非常高,还要对其进行精密控制。除此之外,在实际应用中还存在底轮打滑、变形、路面不平等因素,这造成移动平台高精度移动异常困难。三是定位系统。定位系统包括全向移动平台定位系统和末端执行器定位系统,而全向移动平台定位系统又由激光传感器初定位系统和视觉传感器精定位系统组成,在全向移动平台移动过程中,激光传感器实时反馈其位置坐标,利用摄像头对标定板的锁定,来确定全向移动平台移动停止位置，当摄像头锁定标定板时，反馈信息传给控制系统，控制系统控制全向移动平台停止移动。四是控制系统。系统控制器常用的是单片机或倍福等控制器，PLC通过以太网与电机驱动器连接，控制电机转速及转向，以控制全向移动平台移动、升降平台升降和辅助支撑工作。此外，对应的激光传感器和视觉传感器均通过相同连接方式与控制器连接。整个系统功能的集成，为航空部件精确钻铆制造和装配精度提供了稳定可靠的设计基础。

陆家嘴外形轮廓的绘制体现了工业机械手末端在静载荷状态下的应用，而对于航空航天蒙皮钻铆任务的工件末端，其在钻铆情况下多数为动载荷状态，其中包括用于飞机尾翼制造的铆接工艺。虽然铆接工艺在移动工业机器人中研究较少，但却是航空生产和装配应用中最为重要的一环。

面向飞机或火箭的铆接任务，研究其加工装配过程中的震颤和冲击载荷也具有重要价值。震颤主要体现在钻孔、插入铆钉和镦紧镦粗这些加工工艺上。震颤会直接影响铆接的精度，任何精度上的偏差都将直接导致生产产品的报废。目前工业机器人主要应用于物料搬运和焊接等机械手末端静载荷状态，其受到的约束主要包括刚度、精度和速度。机械手末端的冲击载荷势必产生震颤作用，造成机器人精度下降，寿命缩短至仅为半年。目前鲜有关于冲击载荷对机器人寿命的影响的研究。

为了推进国产机器人在航空航天领域的应用，中国商用飞机有限责任公司(简称中国商飞)同国内最大的机器人厂商进行研究合作。研究结果表明，在制造机器人臂展为1.5—2米时，其顺利完成铆接的寿命或许不足半年。此外，对于移动机器人新构型设计，增大移动平台可以防止重物侧翻。但平台面积的增大会相应地缩小机械手可伸出作业空间。因此，在考虑平台面积和机械臂长度的配比时，需综合考虑静态和动态载荷对机器人的影响。

截至目前，我国国产机器人应用于搬运任务中均处于低速轻载状态，若将其应用于高速重载的情况，将会出现问题。究其原因，一方面为机器人动力学计算问题，另一方面为电机难以达到实际应用要求。然而，国外川崎机器人已经展示了高速重载运作的良好性能。

针对以上问题，就硬件而言，国产电机无法满足高速运转要求。为了弥补硬件上的不足，利用理论计算优化机器人的运动学和动力学性能。为了测试研究效果，可通过激光跟踪直接测量和编码器间接测量两种方案进行机器人末端定位精度的测量，并通过最小二乘迭代定位算法实现机器人定位精度的优化。

面向火箭蒙皮钻铆的移动机器人功能体现还包括以下方面：移动平台运动范围广、灵活；系统钻铆作业时，移动平台稳定可靠；加工自由度能够保证执行器延蒙皮法向进行钻铆；移动平台单个工位最大机械臂的工作范围；车体结构小巧紧凑；机械系统强度刚度满足加工要求；等等。

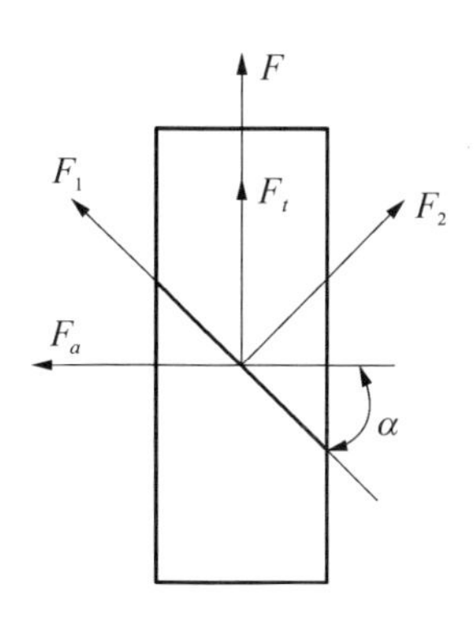

图 1　移动机器人全向轮受力图

如图 1 所示，当辊子与地面产生的作用力 F 可分解为延辊子轴线方向和辊子轴线法向方向的轴向摩擦力 F_1 和法向摩擦力 F_2，F_1 可分解为轴向力 F_a 和径向力 F_t，这使全向轮拥有轴向和径向运动的可能，F_2 使辊子绕轴线自由转动，α 为辊子安装角，大小为 45 度。

全向移动平台的运动依靠电机的动力输出，经过减速机减速增扭传递到轮子，再通过轮子与地面间的相互作用而实现。移动平台运动的基本条件包括驱动条件和附着条件。驱动条件为：

$$F_t \geqslant \sum F$$

式中，F_t为轮子驱动力，$\sum F$ 为各种行驶阻力之和。附着条件（即车轮不发生打滑）为：

$$F_t \leqslant F_\psi = G * \psi$$

式中，F_ψ为附着力，G 为车子重量，ψ 为附着系数，其值与轮面的类型和路面性质有关。

为扩展移动机器人工作空间，对机器人本体进行升降平台结构设计。常用升降平台由机器人底座、直线轴承、导轴、升降平台底座、螺旋升降机、伺服电机组成。升降平台底座通过螺钉固定在车架上，螺旋升降机固定在升降平台底座上，螺旋升降机伸缩端固定在机器人底座上，伺服电机带动螺旋升降机转动，螺旋升降机伸缩端上下运动，导向轴与直线轴承配合起到导向作用。在整个升降平台机构中，升降平台底座是主要受力部件，为验证结构设计的可靠性，需对其进行强度校核，根据材料力学分析，对于一般细长的非薄壁截面梁，通常只需按弯曲正应力强度条件进行分析。弯曲正应力强度条件为：

$$\sigma_{\max} = \frac{M_{\max}}{W_y} < [\sigma]$$

其中：

$$W_y = \frac{l_y}{y_{\max}}$$

式中，l_y为绕 y 轴的惯性矩，$y_{\max}$为界面上到 y 轴最远的点，$[\sigma]$为所用材料的许用应力。

机器人升降平台底座结构动力学分析是涉及非静力学结构设计的重要部分，用于确保产品和关键零部件的固有频率不会与输入频率或外界强迫作用的频率一致，结构动力学有限元分析的实质就是将一个弹性连续体的振动问题，离散为一个以有限的节点位移为广义坐标的多自由度系统的振动问题。其运动微分方程表示为：

$$[M]\{\ddot{x}\}+[K]\{x\}=0$$

式中，$[M]$表示构件的总体质量，$[K]$表示构件的总体刚度矩阵，$\{x\}$表示节点位移，$\{\ddot{x}\}$表示节点位移对时间的二阶导数。其通常可转换为如下形式：

$$\{x\}=\{\phi\}\sin\omega(t-t_0)$$

式中，$\{\phi\}$为 n 阶向量，ω 是向量 ϕ 的振动频率，t 是时间变量，t_0是由初始条件确定的时间常数。

升降机构在整个机器人系统中作为机器人作用力的承载体，验证升降机构静力学校核和模态分析能够有效保证移动机器人施工钻铆作业的精度。

除此之外，航空铆接移动机器人还涉及衡量钻铆的力度和频率，以及铆钉筛选、铆接安装和拆卸流程等问题，完成航空航天移动机器人系统迭代优化，拓展了相应的关键技术。具体包括提高精细度、实现多台移动机器人联合加工、提升人机交互水平和复杂环境下的人机安全技术。

上海大学研制的全向移动机器人虽未应用于中国商飞，但已应用于建筑行业。传统的建造过程为现场制造，机器人没有办法进入施工现场。而装配式建造犹如现代化的工业流水线，在预制工厂生产，并于现场进行装配。这种建造流程的转变无疑为全向移动机器人提供了一种巨大的应用机遇。

同时，我们研发制造了智能施工画线机器人，主要代替画线工完成房屋装修施工墙对应的设计线等重复性任务，并能够保证施工作业任务的精度和效率，这充分体现了移动机器人在高精度作业以及完成重复性劳动方面具有绝佳的优势。另外，在实际房屋建造过程中，通过人机协同技术可完成墙体垂直线的绘制，智能移动机器人设计为手部辅助操作，利用机械臂感知手部力量，按照规划的轨迹进行在线运动。

总体而言，为大力推进“工业 4.0”和“中国制造 2025”国家发展战略，人与机器中间的对话和协作起着不可替代的作用。而实现人机之间的对话协作，最重要的是移动、传达物料信息的机器人。如将此环节做好，可大大推动工厂的智能化、精细化和数字化转型升级，对提升国家智能制造产业竞争力具有极其重要的意义。

（讲座时间：2019 年 6 月；成稿时间：2021 年 4 月）

郭帅，上海大学机电工程与自动化学院教授，博士生导师。美国西北大学访问学者，加拿大瑞尔森大学访问学者。主要从事机器人学方向研究，主持国家科技部重点研发计划课题、国家自然科学基金集成课题、国家自然科学基金面上项目、国家 863 机器人重大科技专项、上海市科委重大科技专项等项目课题 20 余项；发表学术论文 100 余篇，编写英文专著 2 部，发明专利授权 20 余项。

机器人的发展与应用——从多视角认识不一样的机器人

田应仲

介绍主要内容之前，我想先简单介绍一下上海市智能制造及机器人重点实验室。该实验室最初成立于1979年。1997年，上海大学向上海市科学技术委员会申请成立了“上海市机械自动化及机器人重点实验室”；2013年，申请更名改为“上海市智能制造及机器人重点实验室”。

从上海市机器人发展历史来看，在20世纪80年代后期到90年代中期，上海总共有五个以上海命名的工业机器人产品，分别为上海交通大学完成的“上海一号”和“上海三号”，上海工业大学完成的“上海二号”和“上海五号”，上海科学技术大学完成的“上海四号”。1994年，上海工业大学、上海科学技术大学、原上海大学三校和上海科技高等专科学校合并为现在的上海大学，这就是上海大学在前期的积累当中在工业机器人方面打下的基础。上海大学在全国机器人研究领域当中属于研究起步比较早的，也是国家863机器人产业化基地之一，与哈工大、沈阳自动化所等现在国内很知名的高校和研究机构处在同一起跑线上。

机器人是什么？在20世纪五六十年代机器人出现的时候，我们也曾经对其寄予过比较大的期望。但是一直以来，机器人在工业场合当中的应用是趋于成熟的，而在其他领域当中的应用是留了较多空白的。

2000年初，比尔·盖茨也曾预言过，机器人有可能会像电脑一样，进入千家万户。当时很多人觉得这种设想有待商榷，尤其在没有实现突破和大规模应用之前，这设想是很难被人接受的。

同样，富士康的郭台铭是在2010年左右的时候提出，在富士康工厂中要用100万台机器人替代人。当时觉得他所提出的数字完全就是不可能实现的，怎么可能会有100万台机器人来代替人呢？

在自动化生产线当中，很多拥有三个以上自由度的机构都满足机器人的定义。这个定义在我们的工业机器人出现时就产生了。工业机器人在应用的过程当中，会有许许多多的技术性问题，还会带来一些工程伦理方面的问题，我们的工程人员和工程伦理方面的人员也在思考。

工业机器人在出现时提出了三个原则：一是机器人不得伤害人类，或在看到人类受到伤害时袖手旁观；二是机器人必须服从人类的命令；三是机器人必须保护自己。我们曾经就第一个原则进行过讨论，如果我以后拥有一个机器人助手，如果我心术不正，我希望他去帮助我伤害仇人或者其他的人，这个时候机器人应该怎么办？如果服从了我，就要伤害人类，但是第一条又不允许伤害人类。

随着机器人在不同领域的技术发展，我们对其各个方面就会有更多更新的认识。我们更想说的是，机器人是一个综合的载体。可以预见在今后的数年中，会有更多的机器人。目前在汽车、电子等行业当中成熟应用的工业机器人，也将会在其他的领域逐渐得到更多的应用。

随着技术的成熟和各方面投资的进入，总体来说在机器人领域中，机器人的零部件更新越来越快，品质越来越好，价格也越来越便宜，更多的企业和资金都投入到机器人领域当中。

这个我们深有体会，特别是2013年习近平总书记在两院院士大会上的讲话中，把机器人定义为“制造业皇冠顶上的明珠”。从此之后，我们便陆陆续续看到资本进入机器人领域的案例，包括融资和扩张等。

这是我们所要介绍的机器人的第一个主题，是和无人机有关的。说到无人机，第一个想到的应该是中国深圳的大疆创新科技有限公司。大疆公司是科技人员成功创业的典型案例，公司创始人汪滔的导师是中国著名的机器人专家李泽湘。如果我们对自动控制还有一定的了解，就知道固高科技也是李泽湘老师支持他的学生进行创业之后慢慢发展起来的，包括现在机器人领域里的李群自动化，都是由李泽湘老师进行孵化的。李泽湘老师很有热情，他总是鼓励他的学生参与创新创业。自从李克强总理提出了“双创”的口号之后，大家逐渐接受了大学生创新创业，但在固高科技成立时，有勇气的学生和支持学生的导师只占少数。

在民用无人机中，国内外市场份额的很大比例由大疆占据。

现在国外也在研究水陆两用的无人机，以及用无人机来完成一些服务，当然报道宣传的意义会更大一些。

无人机在应用的过程当中，已经和我们的一项技术密切联系起来了。使用过无人机的人应该都知道，无人机的一块电池通常只能用 20—30 分钟。如何实现无人机的长时间飞行？现在有混合动力、氢燃料电池等技术，这样的一些技术不仅仅会用在无人机上面，而且无人驾驶汽车或者是新能源汽车也在尝试使用混合动力、氢燃料电池等驱动方式，来取代纯粹的电驱动方式。

无人机除了可以用来娱乐，可以帮我们去做一些摄影，还可以在很多恶劣情况下被使用。例如在我国 4G 和 5G 基站的铺设过程当中，所有的管线基站都需要进行维护和检修，现在就在尝试用无人机来进行相关工作。

但同时，和直升机一样，无人机将会面临一个问题，即如何在地形比较复杂的情况下降落？有一个办法就是可以给无人机加上“腿”，通过控制“腿”的变化去适应地形的变化，这样可以大大增强无人机在野外作业和工作的能力。

说到无人机的另外一个热点话题，就是无人机在军事中的应用。如果我们关注一下近几年来在伊拉克、叙利亚这几个中东国家的军事情况，就会发现不管是俄罗斯还是美国，都有很多使用无人机进行攻击的报道。我们国家也在大力发展军用无人机。

无人机用得好，当然是能够帮助我们的。但是如果用得不好，甚至被不法分子使用，其可能产生的杀伤力会翻倍。2017 年，在世界人工智能大会上，美国教授展示了其无人机利用人脸识别技术，准确地跟踪暗杀对象的模拟过程。他在这架无人机上配备了 3 克固体炸药，无人机通过精准识别、高速跟踪，最后命中目标，目标完全无法反应。因为无人机的飞行能力、控制能力以及计算能力，比我们人类的大脑反应能力强 100 倍。因此，即使我们看见这样一个物体飞向自己，我们也没有办法进行躲避。

无人驾驶也是一个很热的话题。现在世界上相对发达的国家都在尝试无人驾驶汽车的研发和相关开发。我国在上海的嘉定专门划了一个区域供科研机构和车企对无人汽车进行测试。

特斯拉是世界上第一个提出无人驾驶方式的厂商。正是由于特斯拉的提出，世界上诸多国家和企业，包括大众和其他的企业都开始参与无人驾驶的研发和产品应用。目前特斯拉有一辆无人驾驶汽车已经跑了几十万公里，并且特斯拉公司每天都邀请志愿者对道路的情况和乘客乘车体验度等信息进行收集。在这个过程当中，无人驾驶汽车会对道路及环境进行鉴别，不断丰富道路的数据库，并对驾驶过程进行模拟、学习、优化。同时，特斯拉还邀请不同年龄层次、不同性别的人对它进行尝试。

2017 年，在中国召开的人工智能大会上，由阿里巴巴、腾讯、百度、科大讯飞分别牵头成立四个大的国家工程中心，分别针对无人驾驶、语音处理等方面的人工智能进行更加深入的研究。国家也希望今后在人工智能领域，特别是无人驾驶和语音交互等方面，都能够取得突破。

谈及无人驾驶，现在我们看到的是其在一些民用领域的应用，其实无人驾驶在其他领域当中的应用更早。如农业机械的无人化比无人驾驶汽车应用得更早。现在在新疆或者其他比较广阔的地方,农作物的收割种植,都是采用无人驾驶的方式完成的。

无人驾驶除了可以在农业当中进行应用,还可应用于一些矿山企业。我们知道澳大利亚是一个地域非常广阔的国家,但是其绝大部分地方都属于荒芜之地。他们的矿产都储存在中部或者是沙漠地带,离发达地区距离比较远,想找运输工人也很困难。因此澳大利亚和日本的小松共同开发了无人矿车项目,其中有70多台车辆都是无人驾驶。无人矿车是无人驾驶在全世界最早得到应用的场景之一。矿车可以集成现在所有的移动机器人的关键技术,如GPS定位、激光导航、自动控制等。

虽然服务型机器人现在逐渐走进了我们的生活,但是我们不得不看到,有一些服务机器人的使用效果并不好。如在2013—2014年时很火的餐厅服务机器人,很多的餐厅通过服务机器人的噱头吸引来了很多的顾客。但是这一代机器人在使用的过程当中,大家会发现存在很多问题,带给消费者的体验感很差。虽然我们对机器人的要求和希望很高,但是真正能够落地应用的机器人技术尚未成熟。由于大家都要去做餐厅服务机器人,同质化非常严重,竞争也很激烈,用户体验和技术成熟度又达不到预期,因此在这种竞争惨烈的情况下有很多机器人企业退出了市场。

而美国人则另辟蹊径,他们在使用服务机器人的时候,没有从真正的服务,也就是餐厅服务这样的领域入手,而是从物流服务机器人入手。其中最出名的一个物流机器人是Kiva。现在我们国家京东或者阿里巴巴这样一些大的电商,他们所采用的物流、仓储、自动化系统,模式都是基于亚马逊Kiva和亚马逊管理系统而不断延伸和创造的。好的应用给了大家很多的启发,我们的服务机器人也可以在另外一些领域得到更好的应用。

在这个过程当中也产生了比较小众的服务机器人,这种服务机器人就是，客户在家里下单，仓库接单之后可以让一个服务机器人跟随仓库保管人员到相应的位置，把所有的货物分拣，分拣了之后进行打包，然后再进行相应的包装和快递等工作。这样的平台，既可以作为商用，也可以作为实验研究的科研平台。现在一些高校和科研机构把它作为二次开发的平台在使用，并在上面结合自己的应用进行开发。

除此之外，美国的一家公司最先研制出应用于宾馆业中的搬运机器人。现在上海大学科技园区就和汉庭、格林豪泰这样连锁型的酒店有很好的合作，他们推出的搬运机器人可以送一些比较小件的物品，比如毛巾、牙刷等比较轻便的物件。我们住酒店的时候对于物品的需求通常都是比较单一集中的，所以可以用机器人来完成运送工作。

日本某公司打造的机器人酒店“奇怪的酒店”，从前台接待服务员到行李的搬运与存储等工作，都用机器人来完成。

除了酒店，我们的机器人也可以应用到安保领域，如巡逻机器人可以帮助安保人员执勤。该机器人实际上集成了很多的传感器，有三维激光雷达、CCD图像识别系统。三维激光雷达不仅可以对周围的信息进行建模，即通过视觉系统结合图像识别，将车牌、人脸进行核对，还有温度传感器，用来测量周围温度是不是超过一定危险的温度。

现在人脸识别、图像识别这类技术，已经应用得比较成熟了。世博会期间，从苏州所有的高速公路进入上海，所有的车辆都要实行人车分离，对人进行快速的图像识别之后，可以判别是不是有危险的人员在这个区间之内进入上海。

所有的机器人或多或少都是要集成很多的技术的。如果单从机器人层面上说，跟我们机器人相关的就是运动，而且其他的技术，如图像识别、人脸识别、多传感器信息的融合等，都是和计算机领域或者电子领域密切相关的。

外国的人力成本比较高，人也比较少，所以他们只能大开脑洞通过设计机器人，让机器和机器人来完成比较繁重的工作。澳大利亚的公司设计了造房机器人。当然，对于他们来说这是可以实现的，因为在国外自己买一块地就可以自己建一个房子，但是在国内是比较困难的。

我们看到的很多案例，都是国外才会有的创意，因为在国内这种明显不被允许，或者实施难度很大。在国外因为政策比较灵活，可以允许他们做这件事情，所以会激发他们做这样的设计。例如巴黎一个建筑学院，他们结合机器人和 3D 打印的方式，来建造一座桥梁。他们在校园附近的一条小河上，用机器人＋3D 打印的方式，修建了一座比较小的桥梁。

清洁机器人在现实生活中应用得很广泛。在商场里、马路上，特别是在新校区的道路上，道路的清扫都是用机器人来完成的。它可以节约成本，让人从繁重的劳动当中解脱出来。

机器人技术最先出现的时候，就是要解决三个问题：第一个是人不愿意干的、重复率很高的工作。在我们自动化生产线当中，重复率很高的工作，人不愿意干。人干一天两天可以，重复干一两个月之后，很有可能出精神问题。为什么富士康总是出现很多的事情？为什么郭台铭说要用 100 万台的机器人替代工人？就是因为工人进行简单重复的操作，对人是一种摧残，很多人扛不住压之后就会产生一些消极的影响。第二个是人干不了的，像搬运一些重的东西或危险品。第三个是人干不好的，像现在汽车的焊接，人工肯定没有机器焊得好。所以原来工业机器人大规模应用的时候，就是以这三个点为突破口。机器人的应用只要找到这三个点，肯定是能成功、能落地的。

现在我们的很多服务机器人，也都是在围绕这三个点，我们的任何一个机器人出现，或者是任何一个产品的出现，如果能够解决其中一个痛点，肯定就有它的生存空间。

家用机器人大家都非常熟悉，扫地机器人是最早进入人们家庭的，也是最早被人们所接纳的家用机器人。这种机器人的出现，最早也是在美国的一家公司，这家公司的创始人成立了一家新的公司，这个人也是一个传奇人物。他在成功创造了扫地机器人之后，又重新开始着手协作机器人的创造，虽然也很成功，但是不如扫地机器人。

在国外自己有花园是一件很正常的事情，但国内有花园的家庭还是比较少的。在国外如果不定期修剪花园，将是一件很严重的事情，会被罚款，甚至面临法律的惩罚。我们现在工作很忙，如果回家还要花时间进行这样的工作，肯定力不从心，这时如果通过机器人来代替我们去完成这样的工作，可以大大提高我们的生活质量。

国内有一家公司叫科沃斯，它的服务机器人在全国非常有知名度，他们的擦窗机器人、扫地机器人等家用的机器人，在国内产品市场的占有率是非常高的。

其实擦窗机器人是很好的应用，它解决了我们很难去做这件事情的问题。现在光是上海超过100米的高楼就数以千计，这么大量的建筑要对窗户进行清理，其实是一件费时费力而且很危险的工作。如果我们可以把它交给机器人来完成，这样就既可以节约时间，也可以降低操作人员的危险程度。

那么从擦窗机器人可以延伸出来什么？现在我们在乔迁新居的时候都喜欢买一个很大的鱼缸，但这个鱼缸有一个很大的问题，就是从买到手到最后不能使用了，我们一般都不会对它进行清洗，但是我们知道那个鱼缸内壁如果不定期清洗，会产生很多垃圾，所以我们是不是可以用上述擦窗机器人的技术，去实现鱼缸的清洗？外国人根据这些小众的需求，解决了实际生活当中确实存在的一些问题，从而设计了相应的产品，比如鱼缸清理机器人。

用机器手臂来模仿人的动作进行炒菜或者是烹饪，对西餐来说是比较容易实现的，但对于中餐是很困难的。我们曾经想在配方当中，首先定下这个“少许”的量，但又不能让机器人来定量。中餐的烹制根据厨师自己的经验和口味，决定了这个“少许”在什么样的火候下应该怎么烹饪。而且中国菜的翻炒技术对机器人来说非常困难，而煎牛排只要翻个面，所以在西餐当中比较容易实现对厨师动作的模仿，然后控制好温度和时间，就可以实现西餐的烹制。

据数据统计，在教育和玩具领域，机器人其实占有很大的市场份额。在这个领域当中，特别是在二孩没有放开之前，有接近 30 年的时间每个家庭只有一个孩子，孩子们都很孤独，所以在他们的成长过程中需要有一些陪伴。很多公司就围绕这样的市场需求，开发了很多相应的产品。比如美国的一家公司根据《星球大战》当中 R2 - D2 的原形开发了球形机器人。这个球形机器人看起来简单，其实控制起来并不简单。它上面有一个小的球，下面有一个大的球，下面大的这个球在滚动的过程中由机器人自动控制，小球要能够保证停留在顶部。其实我们现在看到的所有产品，都是机械、控制和计算机等技术的综合体现。

目前乐高机器人在国内和国际上都是比较出名的，它采用模块化的方式激发小孩子的动手能力，我们也可以这样培养孩子对机械和结构连接等方面的兴趣。

举一个中国北航几个大学生联合创业的例子。2013 年他们参加了全国“挑战杯”，以模块化机器人获得了很好的成绩。在这个基础之上，这几个学生在导师的支持下，最后成立了“可以”这个机器人企业，生产模块化的机器人，通过这样的组合，实现蛇形的、柔性的、足式的或者串联的机器人。

这样的机器人在国内很多，平时不管是在工业博览会，还是一些相关的展会上，可以看到非常多这样的陪伴机器人。这种机器人的出现就是因为父母花了很多的时间工作，回到家里陪伴孩子的时间相对比较少。如果给这类机器人植入一些英语的语境，然后设置语音交互、智能问答等，对于孩子来说，可以一定程度上弥补成长过程当中需要陪伴的环节。

现在养宠物的人也很多，我们还有专门为宠物设计的机器人。因为我们知道宠物都需要训练，但是有的时候又没有这样的条件，所以就期望通过设计一些特殊的机器人对宠物进行训练。

现在在一些公共服务行业，比如银行和电信领域，在广泛地使用这种大一点的人形服务机器人，身高在1.2米左右，但是会用一种类似于人的外形的方式来设计。当你去办理业务的时候，这类机器人可以对你进行引导，给你做一些详细的介绍，把你指引到相应的柜台等。

医疗服务方面，我们国家推进医疗体制改革，医院逐渐向医联体，向社区去下沉。原来我们生病之后第一时间都想要到医院去，以后在社区和家里就可以通过机器人向医生问诊并完成部分检查。

中国科技大学打造的“娇娇”是国内机器人中的佼佼者，其真实度比上海的杜莎夫人蜡像馆当中的很多蜡像还要逼真。“娇娇”搭载了科大讯飞的智能语音问答，和人交流非常自如。

原来机械手臂都是应用在工业场合当中，如汽车领域的抛光、打磨等。这里我举的这些例子是其应用在其他的一些领域当中的。德国库卡是工业机器人四大家族之一，库卡机器人的出现，就是因为德国汽车制造业的高速发展。原本，大众公司为了满足自己汽车生产所需，研制了一些汽车生产线使用的装机。这些装机使用效果非常好，除了自己可以用，也可以卖给其他公司，卖给奔驰宝马，卖给法国的公司，都可以。于是他们单独成立了库卡这么一个机器人公司，确实很成功。现在库卡机器人是质量的代表，特别是汽车行业，很多高端的欧美汽车行业指定使用的都是库卡机器人。

机械手臂除了应用在工业场合，现在很多电影当中的特技，我们真实看到的电影当中的呈现，都是用机械手臂完成的。如果人工从不同的角度拍摄拳击选手的动作，在击打过程中的转身，对摄像师的考验是非常大的。过去演员需要表演好几次，摄像师分别站在不同的角度对其进行拍摄，然后后期再合成；现在通过机器人高速移动的性能，在一次拍摄的过程中把几个动作从不同的角度捕捉出来。电影枪战片的拍摄过程非常危险，这种场景的拍摄都是用机器人进行拍摄的，为了避免摄像师被误伤。除了上述机器人在电影拍摄过程中的应用之外，2015 年在日本安川电机创立 100 周年庆典上，他们也做了一个尝试，请了日本某位剑道高手，用动作捕捉的方式，将这位剑道高手所有的招式捕捉到之后，模拟其动作，然后完成一系列的劈斩等动作。最后发现机器人在重复性、高强度方面的优势是不言而喻的。人可能在前期还可以比较高准确性地完成一些动作，但是到了后期，连续劈斩 1 000 次之后，就逐渐地力不从心了，而机械的优点一定是在高强度、重复性高的工作上比人更胜一筹。

ABB 公司在游轮上用机器人的手臂给大家调鸡尾酒，这个也是机器人在商业场合中的应用。

机器人，特别是移动机器人的应用很广泛。在 2018 年平昌冬奥会闭幕式的最后结束的 8 分钟表演中，对于下一届东道主中国的宣传，就采用了移动机器人，进行了非常炫美的表演。

前面也说了科沃斯的创始者在成功推广了扫地机器人之后，又成立另外一家公司，主打协作机器人，一个是双臂协作，一个是单臂七自由度的协作机器人，它们能够和人在一起工作。但是很不幸的是，这个公司虽然已经得到了超过 8 亿美元的融资和资助，最后还是宣布破产，因为这两款产品没有很好地落地，没有切实解决掉实际需求中的痛点。

我们也买了一台双臂协作机器人，但这个机器人只能用于教学和科研工作，因为其本身精度很低，负载也很低。但是真正在实际生产过程中，用这样的手臂帮助人完成装配或者包装的工作，是根本不可实现的，因为它既没有精度，负载能力也比较差。这就是这个公司最后走向破产的原因。

比较成功的案例就是丹麦的优傲机器人，这个机器人从一开始就是和人一起工作，而且最先实现了无传感器的防碰撞技术。这个机器人在工作过程当中，如果和人或者物体发生了接触，一旦超过了一定的力就会停止，可以很好保证人在操作当中的安全。目前它是协作机器人当中使用得很成熟的产品，很多企业或者科研机构都在使用。

协作机器人是机器人发展的下一个热点产品。很多巨头都致力于在这个领域当中的研发工作。比如库卡七自由度协作机器人，除了作为工业机器人之外，它在高端的应用和市场当中也有很好的表现。

协作机器人最重要的是操作的方式和编程的方式，和我们对传统工业机器人的操作完全不一样。操作者可以拉着它进行拖拽，这个大大减轻了对编程人员的要求，而原来我们是通过编程的方式进行示教。现在只要用拖拽的方式，就可以对它进行示教，它可以把所有的动作记录下来，下一次进行自动运行。

ABB公司的另外一个机器人，也是比较成功的双臂协作机器人，目前在电子产品的装配当中得到使用。2015年汉诺威展台上面，最出名的就是德国总理默克尔和印度总理莫迪同时出现在他们的展台上，观看这台协作机器人进行电子产品装配的过程。可以预见的是，在今后机器人一定不会像传统机器人在笼子里面工作，今后的机器人一定是和人同时在一个工作环境当中共同协作工作，他们将这种机器人叫作下一代协作机器人。国内也有很多企业在从事协作机器人方面的研究，包括固高也推出了自己的协作臂，上海的节卡、北京的优傲，这些公司都在协作机器人方面进行发展。

接下来介绍波士顿动力公司。为什么要介绍这家公司？因为它的机器人技术代表着世界最高技术，它的产品是全世界所有机器人产品的标杆，它推出任何一款产品，都一定会成为我们朋友圈当中刷屏的主角。

虽然波士顿动力公司研发的产品在技术层面上都是保持高度的领先的，但由于没有真正的产品可以落地支撑，所以它经历了两次转卖。原来最开始的时候被谷歌收购过，谷歌收购之后发现继续研发烧钱很厉害，所以又把它卖给了软银，软银继续投入大量研发资金之后，仿人机器人阿特拉斯和小型四足机器人 Spot 两款产品的技术进化程度又几乎成长了接近一倍。

波士顿动力在提出研究奔跑和越野的四足机器人的时候，是因为想要解决美国军方在战场上转运物资的需求。四足机器人在实际应用的过程中会有一个问题，由于采用的是燃油发动机加上液压驱动的方式，噪声会非常大，在战场上隐蔽性不够，很难得到实际的应用，所以现在国内在四足机器人的研发上正在尝试用电驱动的方式。

大约在 2015 年，波士顿动力的仿人机器人阿特拉斯可以对箱子不停地跟踪，给它设定目标之后，即使给它造成很多的障碍，如把箱子移开或者打断其工作过程，它还是能够继续完成它的工作。2017 年时，它已具备相当的智能，自动控制水平非常高，阿特拉斯能够在崎岖的路面上和人一起并肩行走，其最著名的招牌性动作就是在空翻结束之后稳稳站立，再做一个庆祝的手势。2018 年其能小跑越过障碍，同时还能像酷跑一样做单脚上升。

波士顿动力公司已经宣布对一款小一点的四足机器人进行量产，而且要开源，这就给科研机构及相关兴趣爱好者提供了一个研究性的平台，对它的技术进行研发和开发。2017 年，它的外形和那只手都不是非常成熟，但是到了 2018 年，它已经进化到令人叹为观止的程度。

除了控制之外，机器人的视觉识别和定位，在我们的研究领域中都是研究的难点。

美国的机器人滑倒之后自己能翻身，上楼梯如履平地。我们原来的移动机器人在上楼梯的时候，因为控制四条腿上楼梯是非常困难的事情，所以我们就会用履带式的方式或者多传动履带叠加和加滚轮的方式来降低控制的难度。但是波士顿动力一直坚持，在腿式机器人，不仅是两腿的，还有四腿的方向上继续研究，所以他们现在腿式机器人的技术全世界领先。每次产品只要出来，大家都是叹为观止的。

关于机器人之间的通信。一个机器人在碰到障碍之后，请另外一个机器人帮它把门打开，机器人有开门的动作和行为。波士顿动力在发布这样一款机器人的时候引起了轰动。因为这种机器人控制的灵活度和越障能力，远远超过了我们当时的想象。有一句话叫作"贫穷限制了我们的想象力"，对我来说，是技术的贫穷限制了我们的想象力。我们根本没有想到移动机器人可以做成这样的，可以一高一低，可以越障，可以跳跃，可以快速移动，可以下楼梯。

前面我们一起分享了关于服务机器人和特种机器人的研究进展，接下来这部分想要和大家分享仿生机器人的研究状况。有一个公司，相信自动化领域中的各位都非常熟悉，就是德国 Festo 公司。这个公司不是做机器人的，而是做自动化设备和气动元器件的，但是在 Festo 公司内部专门有一个仿生机器人事业部，这个事业部每年都会推出新的产品，是针对仿生机器人来展开的。

当时我看到过一个报道，记者问他们成立仿生机器人事业部的目的是什么，他们说没有什么目的，做这些仿生机器人，也知道它们不可能成为产品，也没有应用的实际案例，但是就是想做这件事情：一是为了宣传自己的技术，在自动化、控制、仿生、计算机技术方面处于领先地位；二是因为这批工程师的情怀，如果没有自己的情怀，做一件看不见如何落地的事情是比较痛苦的。

Festo 公司的仿生蚂蚁运用了先进的 3D 打印技术。仿生蚂蚁黄色的部分，就是在 3D 打印的过程当中，将控制电路完美地嵌入机器人内部。原来的方法是设计单独的结构，然后再加入控制系统。Festo 公司在制作的过程当中，就将机器和控制完美地结合在一起，所以可以更好地去发挥仿生蚂蚁的功效。在这个案例当中，仿生蚂蚁最重要的技术是机器人的协同，也就是很多机器人怎么样一起工作。一只蚂蚁能够搬动的东西很小，但是如果能够协同很多的蚂蚁、很多的机器人去共同完成一项工作，这个“小”也能变“大”。

Festo 公司的仿生象鼻，是全世界第一个采用多波纹管驱动的仿生象鼻。2015 年，清华大学一名本科生仿照着用波纹管驱动做了一个仿生象鼻，获得了当年“挑战杯”的二等奖。这个应用对象的操作空间比较小，而且需要狭窄的操作环境，对人的保护会有更好的优越性。

Festo 公司在参加上海工博会的时候，把机器蝴蝶带来展示。这个机器蝴蝶总的重量 36 克，可以自主飞行，也可以形成群体协同。在实验室中通过相机对它进行定位，自身携带控制系统，可以和主控系统以及其他的蝴蝶进行通信，在这里面涉及很多无人机群体控制的理论。

还有两足的仿生袋鼠。我们可以看一下它的研制，完全就是模仿袋鼠的行为，用两足驱动，可以两足跳跃，人们可以通过手臂上佩戴的可穿戴设备，对它进行召唤并指引它。

机器人技术是多种技术的载体，是一个集成，是一种融合。现在的计算机通信、3D 打印、可穿戴技术等，都可以集成融合到机器人产品当中。

现在微创手术机器人的手臂，使用的是非常狭窄非常细的管道，这个管道进入人体内部之后，有很好的柔性。这种柔性控制的机器人，希望今后能够应用在微创手术，或者是一些特殊环境当中。

除了仿生机器人以外，现在围绕机器人的特殊应用有很多的案例，如特斯拉的自动充电桩。现在的汽车充电器几乎都需要自己去手动完成插电的动作，如果以后有一个固定充电位，停下来之后，可以和充电系统形成一个有机的闭环，充电器自动通过摄像头等识别充电口的位置，然后自动对接并完成充电，充满后充电设备回到自己初始的状态，这样就可以有效避免忘记充电的情况。

其实机器人技术，特别是在服务机器人、微型机器人领域当中，日本的技术在全球都属于领先的地位。比如有个机器人看上去很简单，如果从数学模型上来说，它是一个倒立摆，而且是球形的不稳定系统，在这样不稳定的系统上面，能够控制机器人，而且是进行非常有规律的协同控制，这是有一定难度的。它的驱动完全是靠下面一个球的滚动，然后要让上面的身体保持不动，这个结构和前面所说的星球大战那个球形机器人的驱动方式不太一样。

其实在国内一些视频网站当中，我们经常会发现日本人推出了很多有趣的产品。骑自行车的机器人产品也是非常有趣的。我们看过日本人的机器人实验室，他们的机器人对于手指的控制能力很强，可以灵活地去抓取，甚至从空中任何角度进行抛物，都可以抓取。

国内一家公司做了羽毛球机器人，现在这种机器人在不同领域结合的时候，可以派生出很多的产品。这个产品是打羽毛球的，还上过中央电视台的《挑战不可能》节目。当时和它对打的嘉宾是鲍春来，曾经很出名的羽毛球运动员。但是这个机器人有一个缺陷，它的位置太低了，不可能去击杀。移动的机器人如果能够结合球拍击打的动作，也许今后就可以战胜人类了。

现在机器人在各个领域，包括在航空、水下科考中也都有很多的应用。我们水下科考会用到水下机器人，对水下的矿物和生物进行抓取。过去这是一个难题，因为抓重了就把它抓坏了，抓轻了又抓不住。所以水下机器人只要延伸下去会出现很多有趣的事情。

医疗方面的手术机器人，最出名的就是达·芬奇手术机器人。虽然达·芬奇手术机器人这个产品不是我们的，但是它在国内应用最广泛。通过远程操作的方式，一个外科手术机器人可以把葡萄皮剥掉之后，再把葡萄皮重新缝合上。

在医疗行业当中，除了外科手术之外，我们还会想到心理辅导，特别是针对自闭症的孩子。我们可以把一些案例，或者是不同的情况输入机器人当中，根据不同的设置，机器人可以提供不同的诊断方式或者陪伴方式。

外骨骼机器人出现的时候，最先是美国军方提出来的，希望外骨骼机器人使士兵携带更多装备并减少体能消耗，从而提高单兵的作战能力。他们后来发现外骨骼的技术可以帮助运动有困难的群体，比如骨折，或者是需要恢复训练，或者由于其他的一些疾病而行走不便的，可以利用外骨骼对其进行支撑，来达到帮助康复、行走和缓解病症的目的。

机器人领域有两个热点：一个是肌电信号的获取，另一个是脑电信号的获取。肌电信号获取什么？比如当患者被截肢了，他的大脑和肌肉其实都是健全的，如果能够有效地把残肢的信号检测出来，经过信号处理给予假肢指令，这样的技术就可以运用到助残机器人当中去。

另外一种方式，如果是神经系统回路出现了问题，大脑不能直接控制四肢。比如脊柱或者脊椎受到损伤之后，人就会瘫痪，控制不了自己的肢体，但是肢体是健全的，只是大脑的信号不能传输给肢体。如果能够直接对人的脑电信号进行解码收集，就可以帮助残疾人恢复行动能力。

有的时候心理治疗也需要手段。现在我们大部分的心理治疗都是依靠和心理医生之间的交谈，以后我们是不是能够通过开发电子宠物，用和电子宠物交谈的方式，来治疗我们心理上的疾病？很多人喜欢宠物，但是又没有时间去照顾宠物，为了解决它的生理问题，很多养宠物的人都变成了“铲屎官”，电子宠物则不需要花费那么多的精力去照顾。

爬墙壁的机器人完全是利用风力推动的原理发明的。它有两个风扇，这两个风扇可以在控制转动角度的时候，一个控制转弯前进，另一个让它时时贴合在墙壁上，在墙壁上一直爬行。

另外，国内引入了一个无限制机器人格斗赛，叫《机器人争霸》，很多机器人发烧友非常喜欢。这个节目有点类似于拳击的赛制，是以机器人的互相搏击为主，将机器人按照重量分为轻量级、重量级等不同搏击等级，然后人们在规定重量范围内设计各种武器，让机器人进行攻击和防护，只要能够把对方 KO 就算获胜。

我指导的本科生和研究生总共五人，组成一个团队，通过四个分战的比赛，拿到了 2017 年无限制机器人格斗大赛的总冠军。当时他们取了个名字还蛮有意义的，叫“六宇速”。因为宇宙的速度有六种，从第一宇宙速度一直到第六宇宙速度，我们现在能够认知到的最高速度就是第六宇宙速度。在物理学中，要到大气层，一定要达到第二宇宙速度，达到第三宇宙速度才能够进入太空。如果处于第一宇宙速度，可能只能在地球表面飞行。当时他们取这个名字的时候，就是希望中国机器人成为宇宙最快的。

机器人技术越来越多地应用在我们生活的方方面面，如现在自动泊车机器人的使用也越来越广泛。现在很多车辆有自动泊车的功能，但是还有很多企业很多技术在投入，希望以后停车，只要往一个地方一停，自动装置就可以帮助我们把车辆停到相应的车库当中，这样可以形成集成化的管理。特别是在大城市或者特大城市当中，土地资源、停车资源越来越紧张，自动停车、自动泊车、自动车库等方面，都是值得研究的点。

生活当中许许多多的工作都已经被机器人代替了，人们是不是会担忧自己也会被代替？我的观点是我们期望机器人技术能发展到一个高度，如果把这个高度比作一个成人，可能现在机器人的技术还是一个婴幼儿，至少现在还不可能把人们都替换掉。

（讲座时间：2018 年 10 月；成稿时间：2021 年 4 月）

田应仲，上海大学机电工程与自动化学院教授，博士生导师。上海机器人学会理事，上海市机器人行业协会理事。德国纽伦堡大学访问学者，加拿大瑞尔森大学高级访问学者。在先进机构设计、智能仿生机器人、自主移动机器人技术等方面进行了深入的研究，先后承担或参与的国家级及省部级项目20余项，公开发表包括*Nature*杂志子刊论文在内的高水平学术论文100余篇，其中被三大检索收录80篇；获“2020年加快科创中心建设主题立功竞赛”二等奖1项；主持上海市精品课程1门。上海市优秀共产党员、上海市抗击新冠肺炎疫情先进个人、宝钢优秀教师奖获得者。

工业 4.0 与中国制造 2025

赵泉民

最近一个时段整个社会讨论的热点话题是中美贸易摩擦，这一个话题实际上就与今天我们谈的这个话题有关。贸易摩擦的表象是贸易逆差和顺差的问题，其实质是围绕着“中国制造 2025”发生的中国和美国之间产业利益的竞争，其背后就是国家的核心战略问题。美国在贸易上和中国争，就是打着贸易逆差的幌子，打击“中国制造 2025”，即制造业转型升级。

现在中国由大到强的一个抓手就是“中国制造 2025”。实际上德国人在 2013 年就已提出“工业 1.0”“工业 2.0”“工业 3.0”，到现在说的“工业 4.5”“工业 5.0”，反映出德国发展很快。我们叫“中国制造 2025”，虽然名称不一样，但背后的内涵实质是一样的。所谓的“中国制造 2025”和“工业 4.0”，就是“互联网＋工业”或者“工业＋互联网”，其本质是“虚＋实”和“实＋虚”。这里的“虚”是指互联网、大数据、人工智能，“实”是指制造业升级，由“中国制造”到“中国智造”“中国质造”。而这一战略出台的背景是 2008 年金融危机导致全球经济发展新常态。

在这个背景下，我们今天这个报告主要想讲以下三个方面的内容：第一点是金融危机导致全球经济新常态；第二点是全球新一轮的信息技术革命助推产业转型；第三点是“工业 4.0”与“中国制造 2025”。

一、金融危机导致全球经济新常态

新常态作为用在经济领域和描述经济现象的概念是从哪里来的?2002年,美国提出反常态现实要逐步变为常态。什么叫反常态?2002年,美国经济开始复苏,但是新增就业岗位不多,因为这种增多是消费拉动的。但是消费的日常生活哪来的?中国加工。2001年底,中国加入WTO,中美两大板块对接。中国是生产国,美国是消费国。我们加工,人家消费。两大板块对接,形成的所谓"全球化红利"或"WTO红利"。

2008年金融危机后,从奥巴马到特朗普一反常态,提出美国制造业回流。他们认为美国失业率高,就业岗位少,是因为制造业流出导致的产业空心化。制造业流到哪里去?一个是墨西哥,一个是中国。这是第一次。2008年金融危机来了之后,美国以及全球经济都在往下降,降了三年到底,再降空间已经不大。在此之下,人们开始关心未来全球经济会怎么样。之前有一个叫艾瑞安的美国太平洋集团老总认为,全球经济降三年到底,绝对不会立刻像大写英文字母"V",而会像一个大写英文字母"L",降到底端以后,横向往前走,所以叫全球低速增长状态"新常态"。到2014年重新归纳一下,就是美国好一点,其他国家都不行,欧元区虽然在往上涨,但是很明显还没有回到金融危机以前。

故从2008年特别是2012年以后,整个全球经济已经进入新常态,背后其实叫"一低两高",经济增长比以前低了。2001—2008年,全球经济增长在5%以上;2009年到现在在3%左右。去年表现不错,约3.7%,现在连3.7%都不到,因为有贸易摩擦,所以低于危机之前。增长率低,失业率当然高,失业率高,就是政府花钱养这些光吃饭不干活的失业人群越来越多,显然这都是问题。政府欠债比较多,因为社会保障很健全,虽然老百姓失业,但是吃饱饭活着没有问题。那谁还干活?因为社会保障很健全,我失业,不干活,国家还可以养我,以致政府债务危机。

油价往上涨，美国经济滞胀，原因是金融危机的后遗症，巨额的债务，高失业率。美国加息，基准利率从 2.0 上调到 2.25。到现在 2019 年又开始降息。中国经济放缓是必然的，2013—2017 年这五年年均增长 7.1%，前面 35 年年均增长 9.6%。

全球经济是由众多国家经济组成，当全球经济出问题，众多国家为了摆脱困境，开始进行产业结构调整。比如美国，要“再工业化”——再加工、再制造、多出口。这是第一个调整。第二个，贸易保护主义出来了。不管是关税壁垒也罢，非关税壁垒也罢，总归都叫贸易保护主义。习近平总书记曾在讲话中强调，世界经济格局发生了重大变化，经济全球化，科技产业变革蓄势待发。我们周围的外部环境变了，所以提出了一个概念——“经济新常态”。这是 2014 年 5 月，习近平总书记在河南考察时第一次提出来的。中国经济新常态有四个方面的内涵：一是增速放缓。二是增长调整。三是结构优化。过去干低端产业的组装、封装、测试，现在不行了。怎么办？延伸产业链，做中高端水平、中高端结构的。四是过去由政府主导经济，今天市场决定资源配置。

什么叫中国的经济新常态？我的理解有两个方面：一是由旧到新；二是由新到常。什么是“旧”？“旧”是指旧常态，包括旧有的资源，如土地、资金、劳动力。土地便宜、劳动力多会带来什么问题？产能过剩，后期回报低；房价大幅上涨；人力成本低；出口增速回落。过去劳动力便宜，现在是劳动力短缺，中国迎来了刘易斯拐点，所以发展由高速增长向高质量发展，由中国制造向中国智造，由中国智造向中国创造，由中国速度向中国质量转化。具体应该怎么做？下面主要从八个方面入手来简单梳理一下。

第一，从投资需求看，经历了 30 多年高强度大规模的开发建设后，我国的传统产业相对饱和，但基础设施互联互通和一些新技术、新产品、新业态、新商业模式的投资机会大量涌现，对创新投融资方式提出了新要求，必须善于把握投资方向，消除投资障碍，使投资继续对经济发展发挥关键作用。

第二，从出口和国际收支看，国际金融危机发生前国际市场空间扩张很快，出口成为拉动我国经济快速发展的重要动能，现在全球总需求不振和萎缩，我国低成本比较优势也发生了转化，同时我国出口竞争优势依然存在，高水平引进来、大规模走出去正在同步发生逆转，必须加紧培育新的比较优势，使出口继续对经济发展发挥支撑作用。

第三，从生产能力和产业组织方式看，过去供给不足是长期困扰我们的一个主要矛盾，现在传统产业供给能力大幅超出实际需求，产业结构必须优化升级，企业兼并重组、生产相对集中不可避免，新兴产业、现代服务业、小微企业作用更加凸显，生产小型化、智能化和专业化将成为产业组织新特征。

第四，从生产要素相对优势看，过去劳动力成本低是最大优势，引进技术和管理就能迅速变成生产力，但现在人口老龄化日趋加剧，农业富余劳动力减少，要素的规模驱动力减弱，经济增长将更多依靠人力资本质量和技术进步，必须让创新成为驱动发展新引擎。

第五，从市场竞争特点看，过去主要是数量扩张和价格竞争，现在正逐步转向质量型、差异化为主的竞争，统一全国市场、提高资源配置效率是经济发展的内生性要求，必须深化改革开放，加快形成统一透明、有序规范的市场环境。

第六，从资源环境约束看，过去能源资源和生态环境空间相对较大，现在环境承载能力已经达到或接近上限，必须顺应人民群众对良好生态环境的期待，推动形成绿色低碳循环发展新方式。

第七，从经济风险积累和化解看，伴随着经济增速下调，各类隐性风险逐步显性化，风险总体可控，但化解以高杠杆和泡沫化为主要特征的各类风险将持续一段时间，必须标本兼治、对症下药，建立健全化解各类风险的体制机制。

第八，从资源配置模式和宏观调控方式看，大规模刺激政策的边际效果明显递减，既要全面化解产能过剩，也要通过发挥市场机制作用探索未来产业发展方向，必须全面把握总供求关系新变化，科学地进行宏观调控。

所有这些趋势性变化说明，我国经济正在向形态更高级、分工更复杂、结构更合理的阶段演化，经济发展进入新常态，正从高速增长转向中高速增长，经济发展方式正从规模速度型粗放增长转向质量效率型集约增长，经济结构正从增量扩能为主转向调整存量、做优增量并存的深度调整，经济发展动力正从传统增长点转向新的增长点。认识新常态，适应新常态，引领新常态，是当前和今后一个时期我国经济发展的大逻辑。

新常态的背后实质是经济发展方式调整和产业结构升级，需要依托互联网、大数据助推产业结构和发展方式转变，也是由“中国制造”走向“中国智造”之根本。

信息化时代和工业化时代最大不同就在于，工业化时代是区位、资源、交通发挥着大作用。而信息化时代区位、资源、交通越来越不重要，经济、技术国际化变得愈发重要。按照十八大的要求，中国到2020年基本实现工业化。那么，2021年进入工业化后期。工业化后期和工业化不是一个阶段。这个要比较清楚，不要混淆了。所以十九大报告中再次强调，推动新型工业化、信息化、城镇化、农业现代化同步发展。重点和中心是“两化融合”——“中国制造2025”。在调整过程中我们遇到了互联网、大数据技术进步。在整个过程里，新兴国家金融危机来了，引出众多的新兴产业发展战略。比如美国的国家创新战略、德国的“2020高科技战略”、日本的科技创新立国战略等。全球新一波的互联网革命就来了。“SMAC”中“S”是指社交，“M”是指移动，“A”是指大数据分析，“C”是指云计算。所以从这个意义上梳理，互联网引发世界三大基本发展趋势：

信息技术革命、经济全球化、融合。最基本的趋势是互联网经济持续发展推动了制造业和服务业深度融合。归结为一点就是生产型制造向服务型制造转变,生产型企业向服务型企业转变,制造业城市向服务业城市转变。知识经济、信息经济、服务经济正在形成。这就是基于互联网、人工智能带来的全球性趋势,不是光对中国,而是全球几乎所有国家现在都往这个方向去努力。

转型升级的方向在哪里?为什么要往那里去?这点还是要弄清楚。全球经济进入创新转型的新阶段,我们中国作为全球化中的一员也得转型创新。其路径就是发展互联网经济、经济发展方式转换器、产业升级助推器。这就比较容易理解了。而且最后是创新新动力,哪一个都跟互联网、大数据有关系。一是科技创新、智能制造、数字机器人、分布式能源、互联网。二是组织方式创新,个性化、小型化、SOHO,背后是互联网、大数据。三是商业模式创新,统筹国际国内资源。

以上就是第一部分,即中国经济实现转型发展的背景。

二、全球新一轮的信息技术革命助推产业转型

2008 年金融危机后,许多发达国家痛定思痛,开始了再工业化。什么是再工业化?最典型的例子是美国。美国重振制造业,奥巴马是“岩上之屋”,特朗普叫“美国优先”。本质上就是雇用美国人,购买美国货和制造业回流。

无论是奥巴马还是特朗普,尽管其切入点不完全一致,但背后逻辑都是重塑美国 21 世纪全球领导力的经济发展战略,即重振美国制造业,都是在发展高端制造业或将制造业回流欧美。美国麻省理工学院研究表明,33%的海外美国企业考虑将制造业迁回本土。其实,美国的失业率降至历史新低,跟制造业回流有很大的关系。美国现在聚焦的产业主要在互联网经济,以及与此相关的领域,如机器人、3D 打印、无人驾驶,新材料

和大数据。其根本所在就是创新，通过整合全球人才支撑美国创新引领经济发展。其他国家往哪里去？英国是生物、数字、先进制造。日本是能源、环境、健康。韩国是新兴信息技术、生物产业、绿色。你看今天日本的信息技术制造业很厉害，中国应该学日本"闷声发大财"。走自己的路，我干我自己的。如今日本的互联网新兴技术仅次于美国，和韩、德同在一个档次上。经过十年沉下心来，踏踏实实地干，最终有了今天的成效。这是整个世界的潮流。全球都在产业转型，结构性改革。新能源引领世界科技。新能源是低碳，智慧地球是信息，合起来是绿色增长、智能增长。绿色和智能是相关的，背后都是轻资产，以及互联网、大数据、人工智能等新经济形态。

"中国制造2025"主线的背后，就是新能源和新一代信息技术融合。"工业4.0"也是这个逻辑。智能工厂、流水线、信息物理系统很复杂。这是工业革命走到今天的趋势。一是生产方式，智能生产；销售方式，O2O、C2B。二是气候变化倒逼绿色经济和发展方式的变革。原来是经济增长与二氧化碳排放成正相关关系的挂钩经济，现在是要经济增长与碳排放成反向关系的脱钩经济，脱钩增长，生物技术、生物经济跟互联网有关吗？低碳技术、低碳增长、信息技术，广泛存在于各行各业、各个领域。

麦肯锡公司在2013年5月公布的一篇研究报告中，罗列了2025年12大颠覆性技术，主要包括移动互联网、知识工作自动化、物联网、云、自动驾驶汽车、下一代基因组学、3D打印等。记住其中的三大"技术"分别是大数据、智能化、无线网络。一是从IT到BT，大量的数据放在这，数据挖掘、数据分析、数据处理成为产业，因为数据放在这，永远是没用，所以大数据是钻石矿，需要挖掘分析和整理，由此而来的产业业务出来的是新产业。二是智能化生产。三是无线网络。这三个合起来是物联网，万物皆可联网。所以德国、美国发起信息技术革命、建设信息高速公路，主要就是集中在这里。它太重要了，决定着国家命运前途，是制高点。而且万物皆可联网，联网的终端技术，国外最成熟。现在联网的公司有英特尔、爱立信、谷歌等。

现在我们的互联网技术，特别是终端技术严重不成熟。智慧城市的建设，包括智慧社区、移动通信、智慧交通管理等。所以，习近平总书记强调“网络强国”。一是速度要快，二是技术要高，三是成本要低。我们现在这三点都不行。而且这块要求自主创新能力必须是很高的。举个例子，美国谷歌的无人驾驶汽车，其实就是美国版的“互联网＋”。谷歌公司无人驾驶汽车的工作原理，和我们现在的燃油汽车、新能源汽车截然不同。他们改革的思维方式和生产的思维方式，使人和汽车的关系，以及汽车和整个生活的管理方式发生改变。激光定位器、GPS、智能引导、红外照相机成为汽车世界中的重要组成部分。一句话，百年前汽车王国是美国，百年后的汽车王国是否还是美国，人们正拭目以待。但必须要看到的是，互联网和信息技术正在改变着汽车。从这个意义上来讲，全球现在正在围绕着智能制造、互联网和绿色低碳来布局新产业。

一是新兴产业。什么是“新兴”？简单来说，以前没有的今天有，就叫新兴。也就是制造和信息业的深度融合，出现了新兴产业 3D 打印、移动互联、云计算、大数据、生物工程、新能源、新材料。二是制造方式改变了。传统的制造方式改为智能制造。前面是新产业，这是新制造方式的进化。由信息物理系统（CPS）即通过计算＋通信＋控制，这样一种架构，把生产产品的各个环节串起来。以前零部件供应、组装、物流全部是独立的，现在是纵向一体化、横向一体化，从点对点、端对端，合起来一体化。中间靠什么？就是靠数据链和信息链，形成智能制造，最后生产出所谓智能产品。比如无人驾驶汽车，靠现在生产汽车部件做不出来；智能手环，靠现在生产的手环也做不出来。制造方式必须要改造，由数据链串起来。三是“互联网＋”，就是将互联网和已有的行业产业加起来，促使其升级。“互联网＋农业”是智能农业，“互联网＋医疗”是智慧医疗、远程医疗，“互联网＋政务”是智慧政务。“互联网＋”的背后是多样数据信息。智慧交通、新型服务业态正在起步。四是低碳经济成为重点。

互联网大数据时代可以改变一切，只要你愿意改变，都可以。跨界融合，以前叫不务正业，现在则创新出更多新业态。现在银行业做电商，如建行也在网上卖东西；电商做金融的也有，阿里就是这样的。合起来就是“智能制造＋信息服务业”，移动互联网、智能终端、终端产业即将出现发展方式转变，过去知识是力量，而今天数据和信息会变成力量到能量的转化。这个时代很疯狂，原因何在？因为信息技术成熟了，成本低，所以要发展“互联网＋”，发展数字制造。比如远程医疗，其背后是信息技术；3D打印，实际上是制造技术、信息技术和新材料技术三大技术的融合。所有的事，背后共同的都是互联网思维。“工业 4.0”和“中国制造 2025”，最根本的就是这些。

当然，我们未来需要由消费型互联向生产型互联转变，这是最根本的。美国是生产型互联行，消费型互联发展得也行。一个产业要有潜力，两种类型互联网都要有。真正能够用互联网思维重构的产业，才能赢得未来。所以我刚才才说永远没有过时落后产业，只有过时落后的技术和思维方式。你不改变，它就会改变你。好多产业颠覆了传统业态。就是利用了互联网，互联网时代数据是第一生产要素。苹果手机打败了诺基亚，苹果平板电脑打败了木材纸浆产业。乔布斯夺走了芬兰造纸业的就业机会，其实更准确地说，不是乔布斯，而是互联网信息技术。

这就是数字时代。新一轮科技产业变革来了。智能、机器人、能源互联网、网络智能，是全球新一轮信息技术革命和产业革命的趋势。所以第一个未来竞争的关键是具备稳定的能力，未来没有稳定的工作，只有稳定的能力。工作不稳定，能力稳定，到哪都吃香；能力不稳定，到哪都不行。第二个未来竞争的关键是具有快速响应市场个性化需求品种的适应能力。如果你还是以不变应万变，那你就死定了。所以说从这个意义上来讲,企业要快速响应和提供个性化的产品。这就是思维方式的转换。第三个未来竞争的关键是制造业的数字智能化和服务业深度融合。当然,这里需要指出的一点就是,如果仅把互联网叫产业,会导致互联网经济的空心化。当然我们也不能把互联网、大数据过度夸大了。实际上,互联网、大数据就是工具,就是催化剂和孵化剂。

三、“工业 4.0”与“中国制造 2025”

“工业 4.0”最早是德国人提出来的,旨在新一轮工业革命中占领先机。在此之前经历了三个时代,首先是从 1750 年开始的第一次工业革命,这是“1.0”时代,以机械力量代替人的力量;“2.0”时代是电气化,即是机械化、流水线;“3.0”时代是自动化;“4.0”时代是智能化。自动和智能不是一个层面,这个需要搞清楚。那么“4.0”的背后是什么?是五个目的:一是生产模式开始规模化,定制性生产,以满足个性化需求;二是动态化的资源配置;三是即时的信息传递,企业流程动态化;四是能源消耗减量化;五是点与点、端与端之间的集成。“工业 4.0”是 2013 年提出来的,目的是提高德国工业的竞争力,为此德国政府大约投资 2 亿欧元。这是德国高科技战略确定的关键词,已上升到国家战略层面。

德国提出并力推“工业 4.0”战略,努力想要实现实体工业生产与虚拟数字世界的无缝对接,并意图引领第四次工业革命。

如果说前三次工业革命从机械化、规模化、标准化和自动化等方面大幅度地提高了生产力,那么“工业 4.0”与它们的最大区别就是不再以制造端的生产力需求为起点,而是将用户端的价值需求作为整个产业链的出发点。“工业 4.0”改变了以往的工业价值链从生产端到消费端、从上游向下游推动的模式,而从用户端的价值需求出发,提供定制化的产品和服务,并以此作为整个产业链的共同目标,让产业链的各个环节实现协同优化,这一切的本质是工业视角的转变。

简而言之，德国所推崇的第四次工业革命是以智能化为核心的工业价值创造革命，要解决的问题包括满足用户定制化需求的生产技术、复杂流程管理、庞大数据的分析、决策过程的优化和行动的快速执行。

德国“工业 4.0”的战略框架要点可以称为“1438”模型，即 1 个网络（信息物理系统网络）、4 大主题（智能生产、智能工厂、智能物流、智能服务）、3 项集成（纵向集成、横向集成、端到端集成）和 8 项计划（标准化和参考架构、管理复杂系统、工业宽带基础、安全和保障、工作的组织和设计、培训与再教育、监管框架、资源利用效率）。

CPS 网络由人类互联网、社交媒体、商业网站、服务型互联网、智能建筑/家居、智能工厂/车间、智能电网和互联网交通组成。CPS 就是将物理设备连接到互联网上，让物理设备具有计算、通信、精确控制、远程协调和自治五大功能，从而实现虚拟网络世界与现实物理世界的融合。它可以将资源、信息、物体以及人紧密地联系在一起，从而创造物联网及相关服务，并将生产工厂转变为一个智能环境。这是实现“工业 4.0”的基础。

智能生产是“工业 4.0”的核心，而智能工厂是基础设施的关键组成部分；智能物流通过物联网、互联网整合资源，充分发挥智能的效率；智能服务通过大数据提供更多的服务。可以看到，在“工业 4.0”时代，整个生产从交付到物流到服务的形态是不一样的，其核心是 CPS 通过协同计算机元件控制各种物理实体的系统。

为了将工业生产转变为“工业 4.0”，德国采取了双重战略。德国的装备制造业不断将信息和通信技术集成到传统的高技术战略来维持其在全球的领导地位，以便成为智能制造技术的主要供应商。与此同时，德国也正在努力为 CPS 技术和产品建立及培育新的主导市场。为了实现这一双重战略目标，德国需要实现三项集成，即通过价值网络实现横向集成，贯穿整个价值链的端到端工程数字化集成，纵向集成和网络化制造系统。

如果“工业 4.0”能够成功实施，那么研发活动将需要恰当的产业和产业政策与之匹配。德国“工业 4.0”工作组认为，需要在以下八个关键领域采取行动（即前面提到的“8 项计划”）。

第一，标准化和参考架构。标准化和参考架构将贯穿整个价值网络。“工业 4.0”将涉及一些不同公司的网络连接与集成。只有开发出一套单一的共同标准，这种合作伙伴关系才有可能形成。因此，我们需要一个参考架构为这些标准提供技术说明，并促使其执行。

第二，管理复杂系统。产品和制造系统日趋复杂，适当的计划和解释性模型可以为管理这些复杂系统提供基础。因此，工程师需要配备要求开发这些模型的工具。

第三，工业宽带基础。可靠、全面和高质量的通信网络是“工业 4.0”的一个关键要求。因此，不论是在德国内部，还是德国与其伙伴国家之间，宽带互联网基础设施需要进行大规模扩展。

第四，安全和保障。安全和保障两个方面对于智能制造系统的成功至关重要。更重要的是要确保生产设施和产品本身不能对人和环境构成威胁。与此同时，生产设施和产品，尤其是它们包含的数据和信息，需要加以保护，防止滥用和未经授权的获取。比如，这将要求部署统一的安全保障架构和独特的标识符，还要相应地加强培训以及增加持续的职业发展内容。

第五，工作的组织和设计。在智能工厂中，员工的角色将发生显著变化。工作中的实时控制将越来越多，这将改变工作内容、工作流程和工作环境。在工作组织中，应用社会技术方法将使工人有机会承担更大的责任，同时促进他们个人的发展。若使其成为可能，有必要设置针对员工的参与性工作设计和终身学习方案，并启动模型参考项目。

第六，培训与再教育。“工业 4.0”将极大地改变员工的工作和技能。因此，有必要通过促进学习、终身学习和以工作场所为基础的持续职业发展的计划，实施适当的培训策略和组织工作。为了实现这一目标，应推动示范项目和“最佳实践网络”，以及研究数字学习技术。

第七，监管框架。“工业 4.0”中新的制造工艺和横向业务网络需要遵守法律，新的创新也需要调整现行的法规。这些调整包括保护企业数据、责任问题、处理个人数据以及贸易限制。这些将不仅需要立法，而且需要代表企业的其他类型的行动——需要采取大量适当的手段，包括准则、示范合同和公司协议或如审计这样的自我监管措施。

第八，资源利用效率。即使抛开高成本不谈，制造业消耗大量的原材料和能源，也对环境和安全供给带来了若干威胁。“工业 4.0”将提高资源的生产率与利用效率。这就有必要计算在智能工厂中投入的额外资源与产生的节约潜力之间如何实现平衡。

迈向“工业 4.0”将是一个渐进的过程。目前基本的技术和经验需要调整以适应制造工程的具体要求，同时应探讨为开发新地域和新市场制订创新性解决方案。

“工业 4.0”代表一个时代来了，这是全球趋势和未来发展的大方向，那我们中国应该怎么办？“工业 4.0”引入中国后转变为“中国制造2025”，它们都是政府在新一轮科技革命和产业变革背景下针对制造业发展提出的重要战略举措，但两者并不能画等号。

“中国制造 2025”在 2014 年首次被提出时就受到了全世界的关注。2015 年 3 月，国务院总理李克强在全国两会上作政府工作报告时正式提出了“中国制造 2025”计划，其根本目标在于改变中国制造业“大而不强”的局面，使中国成为名副其实的制造强国。

目前中国制造业仍处于工业化进程中，制造业与先进国家相比还有较大差距：制造业大而不强，自主创新能力弱，关键核心技术与高端装备对外依存度高，制造业创新体系不完善；产品档次不高，缺乏世界知名品牌；资源能源利用效率低，环境污染问题突出；产业结构不合理，高端装备制造业和生产性服务业发展滞后;信息化水平不高,与工业化融合深度不够;产业国际化程度不高,企业全球化经营能力不足。由此,“中国制造2025”计划应运而生。

一提起“中国制造 2025”,很多人都会想到“工业 4.0”,认为两者有很多的相同之处,但是国内一些专业人士认为两者存在许多不同之处。

相同点:占领世界工业发展先机,提升国家工业发展水平。

“中国制造 2025”和“工业 4.0”都是为了应对新一轮的世界竞争,增强国家的工业竞争力,在世界工业发展中占领先机。德国推出高科技战略计划“工业 4.0”,是希望通过“工业 4.0”战略的实施,使德国成为新一代工业生产技术(信息物理系统)的供应国和主导市场,从而提升德国在全球的竞争力。中国推出“中国制造 2025”计划,旨在通过该计划的实施,全面提升中国制造业发展质量和水平,使中国迈入制造强国行列。

机床是生产制造中的工业母机。“中国制造 2025”计划的提出,为我国机床行业提供了有力的政策指导;德国“工业 4.0”战略的提出,带动了世界机床行业市场的发展。两者都是对机床行业有利的,在有利政策的带动下,现时段机床行业的低迷终将过去。

不同点:一个由自动化向智能迈进,一个由大向强发展。

“中国制造 2025”和“工业 4.0”是中德两国在不同时代提出来的。德国工业经历了三次工业革命的变革,生产技术已经相当成熟,数控系统技术早已成为德国制造业的标配,“德国制造”在全世界范围都是优秀的代名词,德国制造业是世界上最具竞争力的制造业之一,是全球制造装备领域的领头羊。而中国工业还处于大批量生产阶段,企业发展水平参差不齐,有的依靠生产线实现批量生产,有的依靠电子系统和信息技术实现生产自动化,数控系统技术也没有完全掌握技术技巧。中国目前只是个制造大国,离制造强国还是有一定的距离。

“中国制造 2025”和“工业 4.0”的战略定位也是不同的。因为两国在制造业方面所处的阶段不同、生产基础不同以及经济发展也不同。“中国制造 2025”提出，坚持“创新驱动、质量为先、绿色发展、结构优化、人才为本”的基本方针，“工业 4.0”则提出实现智能化工厂和智能制造，由数字化向智能化迈进。德国是由制造强国向超级强国发展，中国则是由制造大国向制造强国发展。

现在的德国工业已经是世界工业发展的引领者，德国已经从“工业 3.0”阶段一步步走向“工业 4.0”阶段，由生产自动化向智能化迈进。而现在的中国工业仍然处于“工业 2.0”阶段与“工业 3.0”阶段之间，正积极向生产自动化方向发展。中国工程院院士、华中科技大学前校长李培根认为，德国“工业 4.0”是在“工业 3.0”的基础上进行的，而中国还处于“工业 2.0”的后期阶段，中国面临着“工业 2.0”要补课、“工业 3.0”要普及、“工业 4.0”要示范跟上的处境。

据相关数据显示，中国制造业出口量稳居世界第一，制造业增加值在世界占比达到 20.8%，是全球第一制造大国。但是由于中国制造业在基础材料和产业技术等方面创新及来源保障不够到位，基础相对薄弱，仍然面临着生产质量问题，中国制造业大却不强。制造强国已经经历过这一阶段，不会出现这样的问题，因此，中国目前并不能被称为制造强国。

“中国制造 2025”是根据中国国情作出的全面提升中国制造业发展质量和水平的重大战略，与“工业 4.0”是不一样的。中国制造业转型发展不能根据“工业 4.0”战略来制定措施，而要走出中国自己的特色。未来十年，中国制造业将在坚持创新驱动、智能转型、强化基础和绿色发展上走出自己的特色，加快迈向制造强国的步伐。

尽管“中国制造 2025”和“工业 4.0”有着很多的不同点，但是两者在最终战略目标上有异曲同工之处。

“中国制造 2025”的本质是工业信息化的智能化，我国工业和信息化部部长苗圩将该战略简单概括为“一二三四五五十”。

一个目标：从制造业大国向制造业强国转变。

两化融合实现目标：信息化、工业化。

三步走：第一步是力争用十年时间，迈入制造强国行列。到 2020 年，基本实现工业化，制造业大国地位进一步巩固，制造业信息化水平大幅提升。掌握一批重点领域关键核心技术，优势领域竞争力进一步增强，产品质量有较大提高。制造业数字化、网络化、智能化取得明显进展。重点行业单位工业增加值能耗、物耗及污染物排放明显下降。到 2025 年，制造业整体素质大幅提升，创新能力显著增强，全员劳动生产率明显提高，两代（工业化和信息化）融合迈上新台阶。重点行业单位工业增加值能耗、物耗及污染物排放达到世界先进水平。形成一批具有较强国际竞争力的跨国公司和产业集群。在全球产业分工和价值链中的地位明显提升。第二步是到 2035 年，我国制造业整体达到世界制造强国阵营中等水平。创新能力大幅提升，重点领域发展取得重大突破，整体竞争力明显增强，优势行业形成全球创新引领能力，全面实现工业化。第三步是新中国成立一百年时，制造业大国地位更加巩固，综合实力进入世界制造强国前列。制造业主要领域具有创新引领能力和明显竞争优势，建成全球领先的技术体系和产业体系。

四项原则：市场主导，政府引导；立足当前，着眼长远；全面推进，重点突破；自主发展，合作共赢。

五条方针：创新驱动、质量为先、绿色发展、结构优化和人才为本。

五大工程：制造业创新中心（工业技术研究基地）建设工程、智能制造工程、工业强基工程、绿色制造工程和高端装备创新工程。

制造业创新中心（工业技术研究基地）建设工程。到 2020 年，重点形成 15 家左右制造业创新中心（工业技术研究基地），力争到 2025 年形成 40 家左右制造业创新中心（工业技术研究基地）。

智能制造工程。紧密围绕重点制造领域关键环节，开展新一代信息技术与制造装备融合的集成创新和工程应用。建设重点领域智能工厂/数字化车间。分类实施流程制造、离散制造、智能装备和产品、新业态新模式、智能化管理、智能化服务等试点示范及应用推广。建立智能制造标准体系和信息安全保障系统，搭建智能制造网络系统平台。

工业强基工程。开展示范应用，建立奖励和风险补偿机制，支持核心基础零部件（元器件）、先进基础工艺、关键基础材料的首批次或跨领域应用。突破关键基础材料、核心基础零部件的工程化、产业化瓶颈。强化平台支撑，布局和组建一批"四基"研究中心，创建一批公共服务平台，完善重点产业技术基础体系。逐步形成整机牵引和基础支撑协调互动的产业创新发展格局。

绿色制造工程。组织实施传统制造业能效提升、清洁生产、节水治污、循环利用等专项技术改造。实施重点区域、流域、行业清洁生产水平提升计划，扎实推进大气、水、土壤污染源头防治专项。制定绿色产品、绿色工厂、绿色园区、绿色企业标准体系，开展绿色评价。

高端装备创新工程。组织实施大型飞机、航空发动机及燃气轮机、民用航天、智能绿色列车、节能与新能源汽车、海洋工程装备及高技术船舶、智能电网成套装备、高档数控机床、核电装备、高端诊疗设备等一批创新和产业化专项、重大工程。提高创新发展能力和国际竞争力，抢占竞争制高点。

十大领域：新一代信息技术产业、高档数控机床和机器人、航空航天装备、海洋工程装备及高技术船舶、先进轨道交通装备、节能与新能源汽车、电力装备、农机装备、新材料、生物医药及高性能医疗器械等十个重点领域。

大家有没有思考过一个问题：中国制造业该如何紧随全球工业进入"4.0"阶段，实现"中国制造 2025"计划？

企业需要转型升级，制造业要从大规模生产转向大规模定制。

第一，需要转变思想，从以产品为中心低价获取市场的方式，转向以客户为中心快速响应客户需求的方式；

第二，在生产模式上，从预测生产产品转向按客户订单安排生产；

第三，以降低成本、提高生产效率取得竞争优势，转向提供差异化的产品，满足客户特定需求、快速提供服务；

第四，在流程上要提供变成多样化、定制化生产等服务。

所有这些最根本的是国家战略——数字经济。大到一个国家，小到一个企业，归根到底都将在数字经济的环境和规则中竞争。数字经济的关键，在于保持国家优势，实现经济持续发展。

比如美国，为什么多次实施信息技术的国家行动？其本质是国家战略。为什么美国今天要通过贸易逆差打击“中国制造 2025”？表象是贸易逆差的问题，本质是产业之间的竞争，核心是国家之间的利益。你今天想走向世界舞台中央，人家能轻而易举地让给你吗？不可能的。

你看美国的“信息高速公路”计划和“网络新政”和国家宽带计划，这些都属于它的国家战略。美国有一句话，宽带是经济增长、就业、全球竞争和创造更好生活的基石。宽带信息技术，是确保美国 21 世纪国家创新能力和竞争力最重要的基础之一。

“国家信息基础设施”这个词最早来自美国。随后，欧洲看到了危机，认为他们正处在失去竞争力的危险边缘，宽带也落后于亚洲国家，欧洲需要新的数字行动议程。所以欧盟计划三年投资 3 150 亿欧元。到 2020 年，宽带基础设施每年需要投入 300 亿欧元。

第一，德国“工业 4.0”的背后，就是数字化的未来。推动数字化，2018 年实现德国全境 50 兆覆盖。信息技术在整个工业里面，尤其是工业生产服务等领域传播。在德国柏林和理斯顿，建立大数据中心。推动信息安全、法律防范。

第二，加大投入，鼓励创新。德国现在是研发投入占 GDP 比重 3%，我们中国肯定到不了3%。另外，投入的质量怎么样？投入的产出怎么样？这也是问题。德国在自主科研成果，比如发展汽车工业、航空、海洋医疗等方面，都是很发达的。

第三，建设符合老龄化的建筑和城市交通辅助系统。这个也是跟数字和互联网大数据有关的。

第四，推动中小学数学、信息、自然技术等学科，促进理工科人才发展。实践是检验真理的唯一标准，发展观念也要与时俱进，不能说传统的不要了，而是让传统和现代有机对接。

其实，一个社会老龄化并不可怕，可怕的是能否找到一种途径或机制体制，充分发挥老年人的潜力，让具有工匠精神的老年人能更好地服务社会。当时有人就问德国制造芯片的一家三口，问这个老先生，说这个镜片如果让别人打磨呢？他说如果别人打磨这个镜片，和他之间的误差要差100倍。发挥老年人的潜力，能干没有问题。设置灵活退休金，因为有的老人具有工匠精神。

第五，改善资源认证，实施蓝海计划。是不是学历越高的人，越是人才？德国、韩国、日本，包括美国，从来都不认为学历高的人就是人才。只有中国人认为还是要高学历人才。是不是这个问题？有人建议中国要重新定义什么是人才，什么是人力资本。不可否认，学历可能是衡量一个个体水平高低的指标之一。如果没有学历，但我经验比较多，我打磨的镜片比较好，算不算人才？

德国没有多少一流大学，日本也没有多少一流大学，以色列也没有多少一流大学。但是为什么德国、日本、以色列的创新能力强？这是因为他们注重工匠精神，职业技能教育绝对是很到位的。国内现在3 000多所高校，一大堆标榜着要建设成为一流院校。国外很诧异，你们中国建这么多一流大学，我们的一流往哪去？在3 000多所高校里面还包括很多高职、高专，但是高职、高专的教育怎么样，这个大家都心知肚明。问题关键不是要这些院校和专业，而是如何让其发挥出职业技能院校的特色和培育出职业技能型人才。

第六，完善网络信贷、民间融资平台。互联网金融有没有问题？问题肯定是有的。民间借贷也同样存在问题，但不能因为有问题就一棍子打死。这样方式太简单粗暴。我们需要各种办法为创业提供网络和集群服务。

总之，就是一句话，智能制造的背后就是数据信息的循环，转一个圈。这个不用多解释了。回到根本，不管是中国、美国，还是日本、韩国，就是转一圈，涉及信息安全、云计算、大数据、可视、分享。

从这个意义上讲，中国未来要强，就需要制造业变动。未来要关注蓝色的海洋、全交通、生命科技、智能机器人、3D 打印、民生高端、循环经济、再制造等。相关的包括互联网、金融、计算机、云、大宗商品交易、移动互联网、智能化语音交通、服务型制造、互联网健康服务等。

中共中央是在十八届三中全会全面深化改革后提出“中国制造2025”的。改革、开放、创新成为这个时代的主流，在这个过程中颠覆性创新在哪里？需要强调企业的创新主体地位并给予激励。同时，从另一个层面，中国制造业最根本的升级，需要摆脱一种文化情节。什么文化情节？就是政府不要太多地干预技术发展，而是参与发展，在此过程中实现产学研的一体化。

这就需要企业的交给企业，市场的交给市场。政府来做氛围营造，然后重视各方面人才的培养，支撑基础研究往前走。产品服务达到以技术创造价值，这是根本。

新时代的财富来源于哪里？财富不是通过完善已知的东西得到，而是通过抓住未知的东西得到的，尽管起初对未知的东西的理解还不完美。所以，我们永远应该创造未来。同时，还要为此承担责任。思想有多远，我们就能走多远。

时间关系，就讲这些，谢谢大家！

（讲座时间：2020 年 1 月；成稿时间：2021 年 3 月）

赵泉民，中国浦东干部学院教授。主要研究和教学领域：20 世纪以来中国经济社会发展、政府经济学、宏观经济问题、农村社会变迁、制度经济学等。近年来先后主持或参与国家级、省部级课题 7 项；出版学术专著 4 部，在《农业经济问题》《社会科学》《财经研究》《学术月刊》《江海学刊》《学术研究》等刊物上公开发表学术论文 100 余篇，其中有 30 余篇次为《新华文摘》、中国人民大学报刊复印资料转摘。

附录　上海大学上海经济管理中心简介

上海大学上海经济管理中心(以下简称“中心”)于1997年由香港瑞安集团捐助、上海大学创办，在时任全国政协副主席、中国工程院院士、上海大学校长钱伟长与时任上海市市长徐匡迪的亲自关心下成立，钱伟长亲自为中心题名，徐匡迪亲自为中心题词，中共上海市委组织部和香港瑞安集团共同参与建设和管理，是上海市政府发展研究中心干事单位、上海大学软科学研究基地。中心以“整合知识资源、服务社会发展”为宗旨，立足全球化、知识经济、“互联网＋”和科技创新的时代需求，开展多层次的教育、培训与咨询服务。中心愿景是建设成为与上海城市地位以及上海大学实力相适应的国际一流的干部教育与高端培训领域领导者。

高端培训项目

中心以自主招生、委托培养、合作办学等多种形式开展教育培训服务，在高端培训市场赢得优良的社会声誉。中心长期开设上海市领导干部社会治理专题研讨班、高层管理高级研修项目(EDP)、企业家创新领导力、科技金融与互联网金融、公共人力资源管理、工商管理、知识产权、智能制造等品牌培训项目。2015年获教育部批准，与法国让穆兰·里昂第三大学合作举办可持续发展专业硕士项目。20多年来，中心立足上海、服务长三角地区、面向全国各地，开展教育培训服务，累计培训学员已达5万余人次。

基地平台建设

根据人社厅发〔2017〕85号文，上海大学获准设立成为第七批国家级专业技术人员继续教育基地，基地办公室常设于中心。利用学校综合性大学的多学科优势，着力打造成为学校服务国家和上海发展战略、人才培养和拓展校企合作、深化产学研应用的平台，在多个专业技术领域形成理论创新与知识积淀，并与上海市人社局签订协议共建上海公共人力资源研究所，不断开展课题研究，加强高校智库建设。

中心还是中共上海市委组织部干部教育培训高校基地、上海市干部教育中心培训基地、上海检察官专题培训基地、上海市企业家培训基地、上海联合产权交易所高校教育培训基地、上海市职业经纪人后续教育基地，是上海大学服务区域经济与社会发展的窗口。中心通过与中共上海市委组织部、上海市人社局、上海市检察院、上海市科技创业中心、上海市交通委、浦东新区科经委、静安区委组织部等单位长期合作，建立培训平台，打造培训品牌，同时通过与上海久事集团、上海航空公司等知名企业集团不断深化合作，拓展高层培训业务，形成集培训、研究、咨询三位一体的良性发展格局。

中心每年要举办各类培训项目40余项，包括特大城市与社会治理创新专题研讨班、企业创新与领导力培训班、智能制造与机器人技术应用高级研修班、材料基因组工程技术与应用高级研修班、转型升级与知识产权高级研修班、交通行业急需紧缺人才培训班等品牌培训项目。中心聚焦装备制造、信息技术、生物技术、新材料、创意文化、科技金融、知识产权、社会治理等重点培训领域，服务“一带一路”建设、“长三角一体化战略”和上海“五个中心”建设等人才培训、培养和教育的需要。

师资力量与教学保障

中心立足长三角，面向全国，依托上海大学综合性大学学科优势以及高水平的师资队伍和 20 多年来积累的国内外知名专家、学者和企业家等优质师资开展办学，在社会治理、企业家创新领导力、科技金融与金融科技、工商与人力资源管理、智能制造、可持续发展等领域形成了特色与品牌。中心坐落在风景优美的上海大学延长校区内，交通便捷，拥有1 000余平方米的专用多媒体现代化教室、各类小型研讨教室和资料室等，具有一流的软硬件设施及教学环境。

地址：上海市广中路 788 号(延长路 149 号)上海大学科技楼 8 楼

电话：021－56332594　021－56331091

网址：https://jgzx.shu.edu.cn/